ワンコ17歳

老いゆく愛犬と暮らしたかけがえのない日々

サエタカ
SAETAKA

KADOKAWA

うちのワンコは
小さい頃、
母犬の前足の
間から離れないコ
だったそうです。

夏は雷の音が
怖くて、
机の下に
もぐり込んで
震えていました。

冬は 雪が屋根から
すべり落ちる音に怯えて
家事の間も
ずっと
足元にいました。

17歳になったワンコは、
雷も、雪の落ちる音も
もう何も
聞こえなくなったけど、
ずっと 私の
足元にいます。
散歩中に
くたびれた

はじめに

2004年の7月。新聞で見つけた小さな投稿が、うちのワンコとの出会いでした。

『もらってください　柴系雑種　子犬5匹』

最近ではあまり見かけなくなりましたが、その当時は子犬や子猫の引き取り手を探す方が、新聞の地域情報コーナーに「もらってください」と投稿することがありました。春先からずっと出会いを探していた私は、その投稿を見つけた時、うれしくて心踊りました。その時のことを思い出すと、今でもニヤニヤしてしまいます。

先代犬を亡くしたのはその半年前でした。長く一緒に暮らしていたおばあちゃんはすっかり元気をなくしてしまったのですが、年齢を考えて新しい子を迎えるのを諦めていました。それならばと、結婚して隣町に引っ越していた私たちがワンコを迎えようと決心したのです。新聞の投稿を見つけてすぐに、おばあちゃんも連れて投稿者のお宅へ子犬を見せてもらいに行きました。

「ごめんなさい、実はさっき見に来た方が、みんな連れて行ってしまったんです」

玄関先でそのお宅の奥さんがすまなそうに挨拶してくださいました。

「え！　じゃあ、ひと足遅かったんですか？」

「まだ生まれたばかりだから、うちももう少し母犬と一緒にしておいてやりたかったんだけど、どうしてもとおっしゃって……。ただね、このコだけ母犬から離れなかったので、お譲りしなかったんです」

そう言って奥さんが抱えてきてくださったのは、とっ

ても不安そうな顔をした、小さな赤毛の子犬でした。

確かに柴犬っぽいけれど、鼻先が少し長く、大きめの三角の両耳が垂れていました。細い尻尾は先の方だけ白く、両手足も靴下を履いたような白毛でした。私とおばあちゃんはひと目見て同じ声をあげました。

「わーーー！　かわいい!!」

「このコはうちに残そうかとも思ったんだけど……。抱いてみますか？」

そう言われて、私はその小さな小さな、ふにゃふにゃした子犬を抱っこしました。

母犬はこの時11歳だったそうです。今振り返ると、このコを手元に残しておきたいというのは、飼い主さんの本当の思いだったんだろうなと思います。けれど、小さいなりに困った顔をして腕の中で震えながら収まっているワンコを見ていたら、この先の長い時間をこのコと一緒に過ごすんだというキラキラした未来しか、当時の私には想像できませんでした。

「お願いします！　大切にします！」

こうして私と初対面したうちのワンコ。この時は生まれてひと月ほどだったので、母犬の飼い主さんと相談し、3か月になる秋までは母犬のそばに置いてやることにしました。

その後、待ち侘びたお迎えはおばあちゃんと一緒に車で行きました。3か月になってちょっと大きくなったワンコは、助手席のおばあちゃんのお膝の上で大人しく座っていました。おばあちゃんはワンコのおでこに顔を近づけて、うれしそうでした。

「ふふ、犬の匂いだねぇ、かわいいねぇ」

ワンコは、おばあちゃんのことがすぐ大好きになりました。

家に到着して、ワンコは室内をそろりそろりと歩きました。とっても臆病で、ちっとも走り回ったりしません。そしてずっとあの困った顔のままです。そこにとーさんが仕事から帰って来ました。とーさんはその日がワンコとの初対面。

すると、ワンコはストトトトと玄関のとーさんに向かって真っ直ぐ走っていきました。とーさんの方は思いがけず歓迎してもらえてびっくり。

「わー！　かわいい！　尻尾振ってる！　初めまして、よろしくねぇ！」

ワンコはとーさんのこともすぐに大好きになりました。

その後、17年以上一緒に暮らして、この日のことがとても不思議だったと振り返っています。ワンコが大きくなってからわかったことですが、車は大の苦手で、ガタガタ震えて鳴き続けるのでドライブはいつもかなり過酷でした。大人しくいい子にしていたのはこの日のおばあちゃんのお膝の上だけです。

また、家族以外の人にまったく懐かず、いつもの宅配業者さんにすら容赦なく吠える素晴らしい番犬で、ご近所を困らせるほどでした。玄関で初対面の人に尻尾を振ったのは、とーさんが最初で最後です。

生後3か月だったのに、家族のことがどうしてすぐにわかったのかな?

それからずっと、ワンコは私たち家族のことが大好きでした。1年経って1歳になっても、3年経って3歳になっても、5年経っても、10年経っても……。

うちのワンコは、何か特別に変わったところがあったわけじゃなく、ごく普通の「古き良き日本の雑種犬」です。臆病でワガママでツンデレでした。「お手」や「伏せ」

も（わかってるくせに）やりません。滅多に自分からベタベタしてはくれませんでした。少し離れた場所にいて、家族の日常を見ているのが好きでした。なんでもない、ごく普通のいつもの日々を、家族と一緒に過ごすのが、何よりも大好きなワンコでした。

そんなワンコが歳をとり、その暮らしを綴ったツイッターが、思いがけず多くの方からの反響をいただき、こうして一冊の本になりました。子犬の頃もとても大変でとてもかわいかったですが、15歳を過ぎ、体がそれまでのように動かなくなって老犬になっても、いつも大変でいつも最高にかわいいのです。

サエタカ（ワンコ17歳の飼い主）

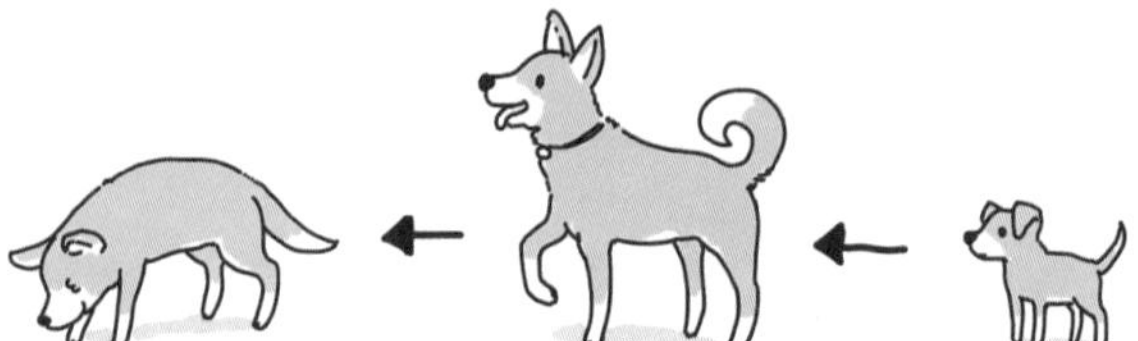

登場人(犬)物
山の中に住んでいます。
かーさん(私)
大変なのんびり屋
ワンコ
名前：クリ(女のコ)
栗毛なので
臆病でワガママでツンデレ。
家族と普通の毎日が大好き。
とーさん
人見知り
娘ちゃん
ご近所のワンコたち
隣町に住む
おばあちゃん
先代犬(シロ)
—犬の年齢(人間でいうと…)—
犬の15歳→人の76歳
16歳→80歳
17歳→84歳

CONTENTS

第1章
ワンコ15歳

第2章
ワンコ16歳

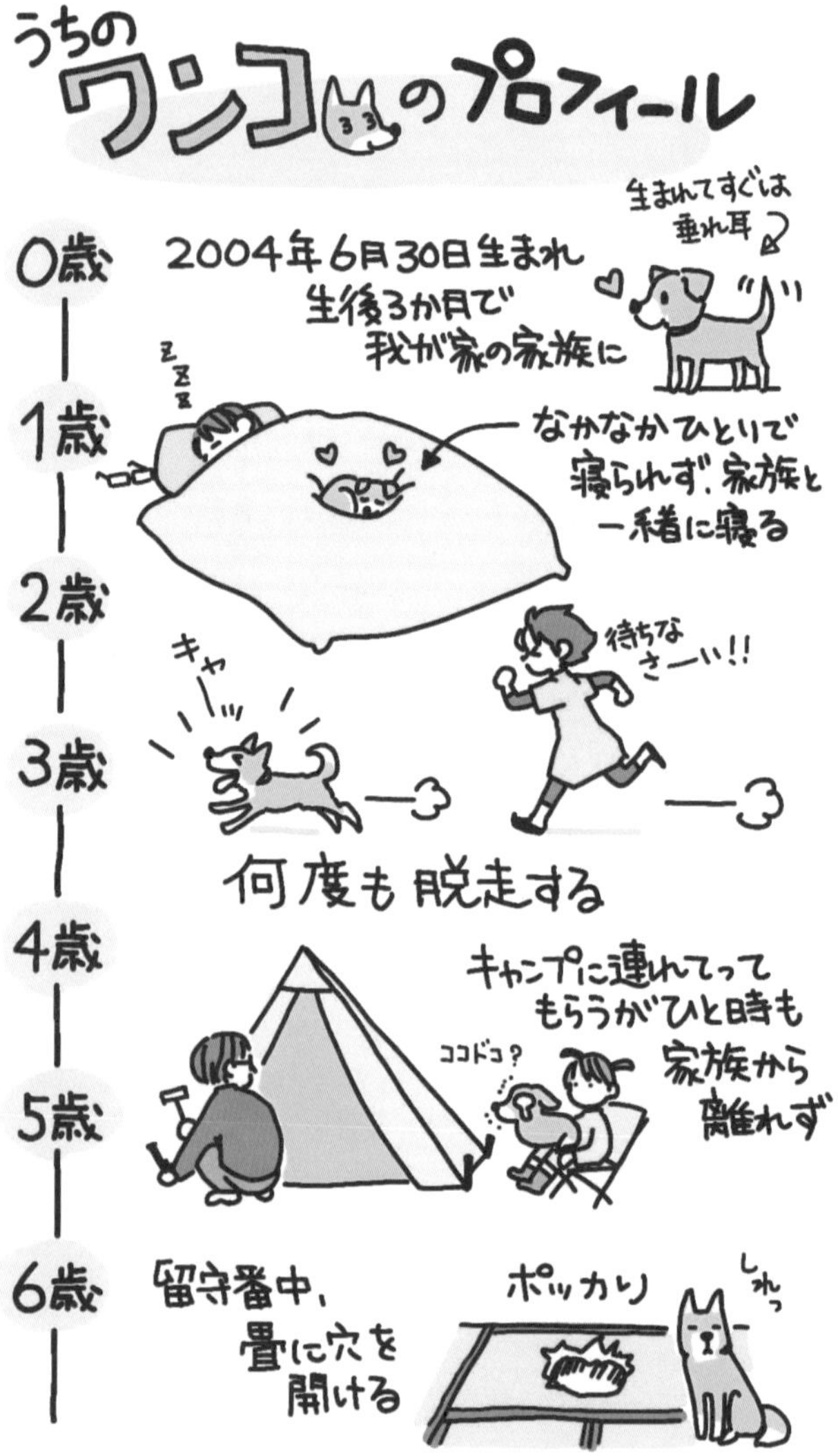
うちのワンコのプロフィール
0歳
1歳
2歳
3歳
4歳
5歳
6歳
2004年6月30日生まれ
生後3か月で我が家の家族に
生まれてすぐは垂れ耳
なかなかひとりで寝られず、家族と一緒に寝る
キャ
待ちなさーい!!
何度も脱走する
キャンプに連れてってもらうがひと時も家族から離れず
ココドコ？
留守番中、畳に穴を開ける
ポッカリ
しれっ

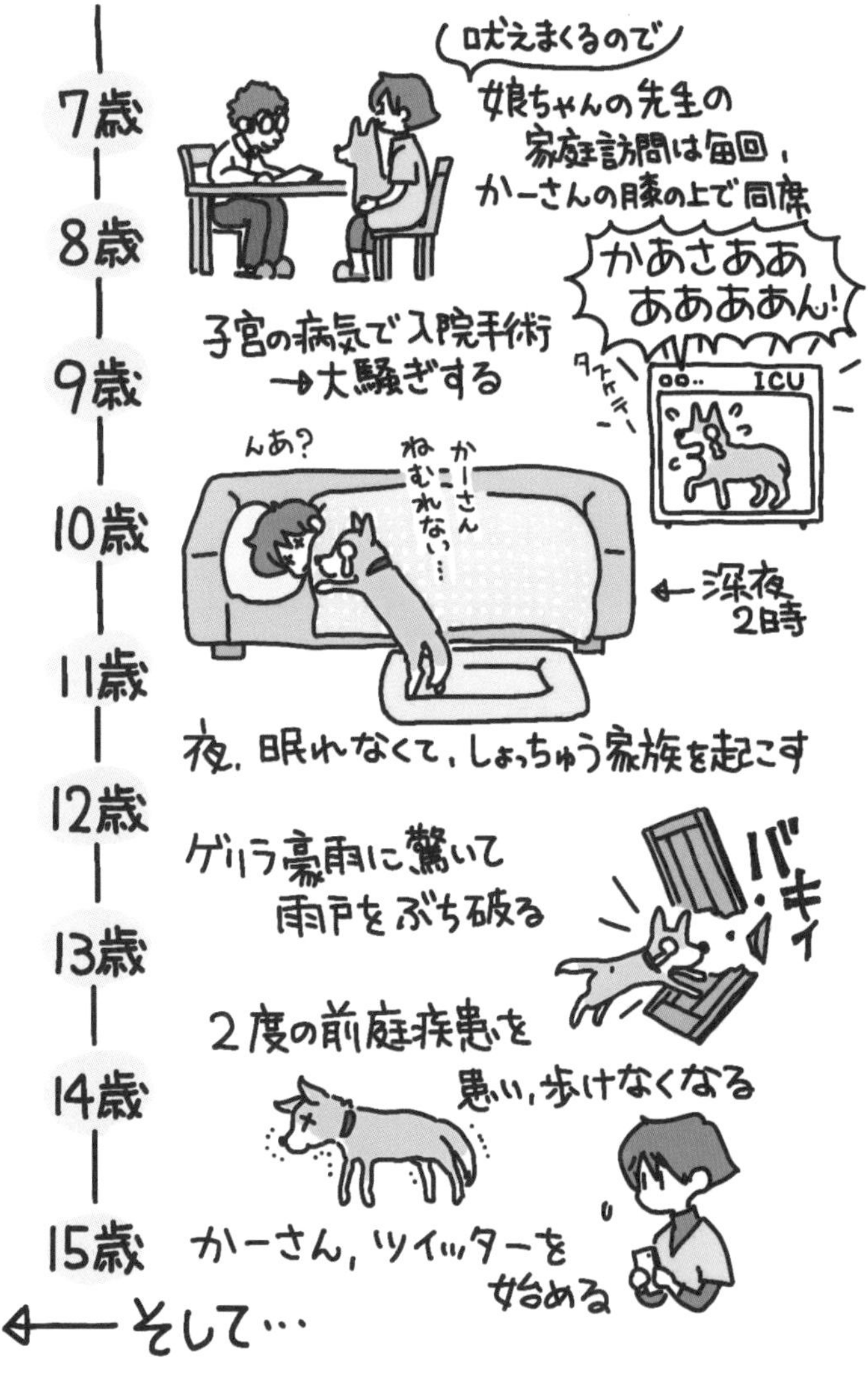
7歳
吠えまくるので
娘ちゃんの先生の
家庭訪問は毎回、
かーさんの膝の上で同席
8歳
かあさああ
ああああん!
子宮の病気で入院手術
→大騒ぎする
9歳
タスケテー
ICU
んあ?
かーさん
ねむれない…
10歳
←深夜2時
11歳
夜、眠れなくて、しょっちゅう家族を起こす
12歳
ゲリラ豪雨に驚いて
雨戸をぶち破る
バキィ
13歳
2度の前庭疾患を
患い、歩けなくなる
14歳
15歳
かーさん、ツイッターを
始める
←そして…

STAFF

ブックデザイン —— アルビレオ
校閲 —————— ぴいた
DTP —————— 暁和
編集 —————— 篠原賢太郎

第1章

ワンコ15歳

ツイッターを始めたきっかけ

ワンコが安心できるように強くならなきゃいけない……

ツイッターを始めたのは、ワンコが15歳と半年過ぎた頃です。「#秘密結社老犬倶楽部」というハッシュタグを見つけて、私もやってみようと思ったのがきっかけでした。

このハッシュタグにはたくさんの老犬たちの様子が投稿されています。老犬との生活は大変だけれど、みんな一生懸命頑張っていました。うちのワンコと同じ歳のコの、「今日も元気にお散歩したよ」それだけの投稿でも、勇気づけられました。

実は、ワンコが老犬になったことを受け入れて、このツイッターを始めるまでに、私はだいぶ時間がかかりました。それまでは「うちのコは永遠に元気!」と、本気で思っていたのです。

私は自宅のパソコンで仕事をしていることが多いので、私とワンコは家でいつも一緒にいました。ワンコの居場所は私のデスクの後ろの少し離れたところ。その場所は仕事場の様子や玄関の様子もわかりました。私が食事のために移動すると、ワンコも素知らぬ顔で起きてきてダイニングの窓際に移動し庭の様子を眺め、私がデスクに戻るとワンコもまたいつもの場所に戻ります。散歩の時間になると、ソワソワしながら熱い視線を私の背中に送っていました。

いつもの河川敷へ散歩に行って帰ってくるとごはんを食べて、とーさんが帰ってきたら全身全霊全力で大喜びし、夜は私たちのすぐ横で寝ました。お互いの寝息をいつも聞いていました。

私たちとワンコの素晴らしい普通の日々は、そんな風に過ぎていきました。私はこの日常がずーっと続くような気がしていました。

ワンコは若い頃から、怪我もしたし病気で入院したこともありました。でもその度、しばらくするともと通りに元気に走り回るようになりました。「うちのコってば

頑丈！」そう思って疑っていませんでした。

人間は弱くて賢いので、いつも「万が一」を考えて心配し、予測して準備して覚悟するものですが、ワンコに関してだけ、私はまったく想像できませんでした。

けれど、ワンコが14歳の時、前庭疾患《ぜんていしっかん》という病気を患いました。2度目でした。病院が苦手な子だったので、その時は入院せずに自宅で看病しました。嘔吐下痢を繰り返し、ふらついて普通に歩けない様子を目の当たりにし、数日経っても以前のようにすぐに回復せず、だんだんと不安になってきました。

このまま、歩けなくなるかもしれない……。

考えれば考えるほど、ワンコが老いていく現状を受け入れなくてはならなくなりました。でも、それを心の中で必死に拒否する自分がいました。

大丈夫、またすぐ元気になっていつも通りになる！

ずっと後になってから気づいたのですが、その時の私の様子を、一番わかっていたのは、ワンコだったのだろうと思います。ワンコは一生懸命、「いつも通り」であろうとしていました。フラフラしながらも、私が誘う散歩を嫌がりませんでした。頑張ってごはんを食べて、ほめてもらって、うれしそうな顔をしました。そしてまた、いつもの場所に戻って、私が仕事する様子を見て幸せそうにウトウトしています。そんなワンコの様子は、健気で痛々しくもありました。

いつか、ワンコは私より先に天国へ行ってしまう。

やっとそう考えられるようになりました。でも、そう遠くない未来にやってくるワンコとの別れを、受け止める自信なんて、到底ありませんでした。このままだと、ワンコを追いかけてしまいそうでした。ワンコが安心できるように強くならなきゃいけない……。そんな時にＳＮＳで見かけたのが、「#秘密結社老犬倶楽部」でした。

どうして「秘密結社」なんだろう？　どこでやってるクラブ活動なんだろう？　最初はそう思ったのですが、ツイッターには全国の老犬たちとそれに寄り添う飼い主さ

んたちの様子がたくさん綴られていました。みんな老犬たちのことが大好きで、老犬たちも飼い主さんたちのことが大好きだということが、投稿からとても伝わってきました。老犬介護は決して楽ではありませんが、頑張っているみんなの様子を読んでいると、心臓の端っこあたりが温かくなりました。

きっと思い出を残すことにもなるし、私もやってみよう。

こうして、私とワンコの愛あふれるスローリーなツイッターは始まりました。始めた当初には予想もしなかったけれど、続けるほどに「かわいい♡」を量産するツイッターとなっていくのです。

老犬エンジン

老犬のエンジンはなかなか始動しません

夕方のお散歩は、いつも16時半でした。

小さい頃からワンコも私も散歩が大好きで、いつもの河川敷を走っているのを、仕事帰りに見かけたとーさんいわく、ふたりとも満面の笑みだったそうです。14歳の時に2度目の前庭疾患を患って以降、フラフラしてうまく歩けなくなりましたが、それでも毎日同じ時間に、散歩に出かけていました。

散歩の準備を始めると、15歳の老犬ワンコもうれしそうにします。若い時と違い、尻尾をぶんぶん振ったり、飛び跳ねて体全体でうれしさを表現することはもうないのですが、私の顔をじっと見て、瞳の奥がキラリと光ります。そして、とっても遠慮が

ちに体をわずかに擦り寄せてくれます。これは飼い主だけがわかる、老犬がめっちゃ喜んでいるサインです。私はそんなワンコにもうメロメロ♡

こうして張り切っていつもの河川敷へ繰り出すワンコですが、老犬のエンジンはなかなか始動しません。川を眺めながら10分以上動かないことも多いです。ようやっと歩き出しても、すぐにエンストして止まってしまいます。

「頑張れー♪」って声をかけて背中をなでてやると、歩き出します。でも数十メートル歩くとまたエンストするので、また背中をなでてやります。そんな風にしながら一回の散歩で何度も何度も止まりました。私は何度も何度もなでてやりました。15歳のワンコの散歩はこんな様子でした。

病気になる前の散歩は、キャーッて大騒ぎして出かけて、ワーッて大喜びで走り回って、サクーッて排泄も済ませて、ターッて家に戻る。それがまったく変化なく毎日続きましたが、病気をきっかけに始まった、この優雅な老犬散歩ルーティンは、この後も毎日進化しました。まず、散歩中にクルクル回るようになります。16歳過ぎる頃には、

その回転力が増し、とても楽しそうに、「ほら見てー！」って感じで回ります。そのうちに飼い主の位置を確かめるように、足元をクルクル回るようになり、私はリードを華麗に回せるようになりました。同じ場所でずっと匂いを嗅いでいて動かなくなることもありました。目や耳がはっきりきかなくなってきたからなのか、嗅覚を活かして犬手紙（ご近所のワンコのマーキング）を読むのが楽しいようで、長ーい時間をかけて熟読します。そのまま全然歩けなくて、20メートルほど歩いただけで帰ってきても、玄関で満足げにやりきった顔をしていました。

病後、15歳半の頃には病気前と同じ距離を歩けるようになったワンコでしたが、その後は少しずつ、距離もスピードも落ち、さらに優雅に、土を一歩ずつ踏み締めるような散歩に進化していきました。

そして、どんな時の散歩も、ワンコはとても楽しそうでした。

多分、私も。

15歳のワンコと、
お散歩に出かけて10分後。
20分後。
くるくる
くるくる
終了しました。
やりきった

第2章

✤

ワンコ16歳

いつも見てる

人間と暮らすワンコたちは、いろんなことがわかっている

ある日、ワンコと朝の散歩に出かけてしばらくして、私のポケットのスマホが鳴りました。とーさんからでした。体調が急に悪くなり、朝イチで病院へ行きたいと言っています。

その日のワンコは調子が良かったので、だいぶ散歩道の山道を登ってきていました。急いで帰らなきゃいけないけど、どうしよう、老犬ワンコは走れません。私はゆっくりと方向転換して山道を下り始めたのですが……。

なんと！　ワンコが早歩きしているのです！

16歳のワンコは足の力がなくなり、地面を蹴り上げるように走ることはもう難しいです。なので、ゆっくり交互に動かす手足のリズムを、精一杯早くして、一生懸命早歩きしているのです。どうして急いでいるのがわかったのでしょう?

「転んだら大変だから急がなくてもいいよ」とリードを緩めて声をかけるのですが、16歳の真剣な早歩きは家に到着するまで続きました。

幸いとーさんはすぐに病院へ行くことができ、大事には至らなかったのですが、ワンコはとーさんが帰ってきてなでてくれるまで、ケージの中で落ち着かない様子で待っていました。

人間と暮らすワンコたちは、言葉を喋ることができなくても、いろんなことがわかっているといわれています。それは、老犬になって目や耳がハッキリしなくなっても同じで、ワンコはいつも家族を見ていました。

私は仕事で寝るのが深夜になることがちょくちょくあるのですが、どんなに夜遅く

なっても、ワンコはいつもふっと起きてくれました。私は「おやすみ」を言う代わりに少しだけなでて、ワンコは寝床に入る私を確認し、また寝ます。

ある夜、私は夢を見ました。ワンコと河川敷を全力で走っている夢でした。とても楽しい夢だったけど、目が覚めました。深夜3時になっていました。ワンコの様子が気になって見に行くと、こんな夜更けなのに、ワンコはまた、ふっと起きてくれました。

少しだけワンコをなでて、もうあんな風にワンコと走ることができなくなったことが、悲しくなりました。けれど、16歳のワンコはそんなことちっとも考えていなくて、うれしそうになでてもらった後、また寝ました。

ワンコと一緒にいられて、私は幸せでした。

ワンコと
全力で走っている
夢を見て、
夜中に
目が覚めました。

16歳のワンコは
もう走れないけれど

一緒にいられて
幸せでした。

大切な家族

「家庭内で何か変化があったんじゃない？」

ワンコは16歳を過ぎ、寝ていることが多くなりました。飼い主家族は、寝顔を眺めては、ほわわわ〜となります♡

いつものようにほわわわ〜と見ていたら、ワンコの手足に傷のような跡があることに気づきました。毛が抜けて、赤くなっています。なんだろう？と思い、その後も気にして見ていると、どうも傷が少しずつ増えているようです。歳もとったし、毛も抜けちゃうのかな？と思っていたのですが、ある日、ワンコが自分の手足をかじっているのを見つけました。

すぐに声をかけてやめさせようとしましたが、聞こえないようで反応しません。背

中をなでてしばらくマッサージを続けると、またウトウトし始めました。

その後も、家族で気をつけて様子を見るようになりましたが、ワンコはちょくちょく手足をかじっているようでした。ワンコが若い頃病気をした時に買ったエリザベスカラーを装着してみましたが、それごとうつむいたまま動けなくなってしまい、お水も飲めない様子なので、カラーをつけたままでいるのはちょっと無理そうです。どうしたものか……。

怪我をしている様子もないし、何か皮膚の病気でもなさそうでした。ワンコの手を取り考えていたら、ふと昔のことを思い出しました。ずっと以前に、同じように傷だらけになった手足を、見た記憶があったのです。

それはワンコがまだ1歳半の頃。ワンコの白い手足は傷だらけで毛が抜け、血が滲むほどになっていました。この頃は成犬の大きさに成長していて、ほかに変わった様子はなく元気だったので、きっと散歩で触った植物にかぶれたか、アレルギーかなと思い、病院に連れて行きました。

ワンコが小さい頃からお世話になっていた動物病院の先生は、検査の結果と手足の様子を見て、ワンコの顔を覗き込みました。

「これね、ストレスだよ。このコが自分で手足を噛んで血が出てるの」

「え!? ……自分で？」

私は思いがけない診察結果に驚きました。散歩も毎日欠かさず行っているし、ごはんもモリモリ食べている。何より、まだ1歳半の元気いっぱいのコが、ストレス??

「家庭内で何か変化があったんじゃない？」

先生にそう言われて、ハッとしました。実はその時、私たち夫婦に、初めての赤ちゃんが産まれたばかりだったのです。

ワンコは昔から、臆病でワガママでツンデレです。自分のベッドの布団が曲がって

いるだけで吠えて怒るし、ごはんや散歩の時間が遅くなると大騒ぎしてアピールします。夜は寂しくて眠れなくなるみたいで、しょっちゅう起こされました。そんなワンコが、黙って我慢していたなんて……。

その頃の私たちの生活は、初めての子育てで毎日がドタバタでした。すべてが赤ちゃん中心になっていました。その陰で、ワンコが手足を噛んでいたことに、私たちはまったく気づいていませんでした。傷だらけになって、血が滲んでも……。

「ごめんね、ごめんね、ごめんね……」

私はワンコをぎゅっと抱きしめて謝りました。あなたも大切な家族だよ……。

娘ちゃんが生まれる前まで、私たちはワンコを一人っ子の赤ちゃんのようにかわいがっていました。もっとたくさん一緒に遊んでやっていたし、なでてやっていたし、眠れなくて鳴いたら、一緒に寝てあげたりしていました。何より、もっと話しかけていたと思います。娘ちゃんの世話で余裕がなくなっていた私たちは、いつの間にか、

ワンコの気持ちを考えなくなっていたのです。

動物病院で、ワンコの手足を清潔にするシャンプーを処方されました。それからは、赤ちゃんの入浴と、ワンコの手足のシャンプーを、とーさんと交代でやるようになりました。赤ちゃんに話しかけたら、ワンコにも話しかけるようにしました。そんなちょっとしたことでしたが、常に赤ちゃんとワンコの両方に心を配るようになってから、ワンコの手足は徐々にきれいな白毛に戻っていったのです。

もしかして、ストレスなのかな？

16歳のワンコの手足の傷を見て、15年も前のことを思い出して考えました。でも、原因が思い当たりません。それに、どこか痛いところがあったり、不快なことがあれば、吠えたりキューキュー泣いてアピールするので、何か違う原因なんだろうと思いました。

結局、原因はわからないままでしたが、手足をかじっているのを見かけた家族がその度声をかけてなでたり、抱っこしたり、気分転換に外へ連れ出したりするようにしました。すると、次第にかじることが少なくなり、また、きれいなかわいい白い手に戻っていきました。

後から考えると、多分16歳のこの頃に、ワンコは目と耳がほとんどきかなくなったのだと思います。感覚がなくなって、ぼんやりした世界になり、孤独を感じるようになったのではないでしょうか。それは、寂しがり屋のワンコには辛く悲しいことだったと思います。

けれどこれをきっかけに、とーさんかーさんが交互になでるようになったことで、いつもそばに家族がいると確信でき、安心できるようになったのではないかなと思います。

その証拠にワンコはこの頃から、明らかに表情が変わりました。

信じがたいことに、さらにかわいくなったのです！

いや、本当に。

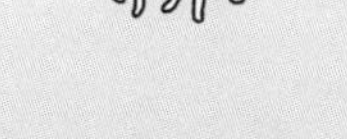

✤ワンコと娘ちゃん

ワンコが1歳半の時に、娘ちゃんが生まれました。

ワンコは大きくなってはいたけれど、その頃は甘えたい盛りの子犬だったハズです。でも、やきもちを焼いて攻撃したり、食べ物を奪い取ったりなど、決してしませんでした。とても気を遣っていたようです。いつもちょっと娘ちゃんから離れたところで様子を見ていて、娘ちゃんが寝ると、近づいて顔を覗き込んだりしていました。

ワンコにとって娘ちゃんは大事な「妹」だったのだと思います。一人っ子の娘ちゃんにとっても、ワンコは大事な家族でした。1年半の歳の差しかない二人は、一緒に大きくなりました。私たちのアルバムには、ワンコと娘ちゃんが笑って並んでいる写真が、たくさんあります。

COLUMN

ワンコが16歳の時、娘ちゃんは都会の学校へ行くために家を出ました。久しぶりに帰って来ると、ワンコは鼻を近づけて、彼女が元気かどうか確かめ、うれしそうにしていました。

ワンコの生活は色々と介助が必要になってきていましたが、不思議なことに、ワンコは娘ちゃんにはワガママを言いませんでした。オムツが濡れても、寝返りしたくなっても、娘ちゃんの前では我慢して何も言いませんでした。

最後までワンコは、娘ちゃんの「お姉ちゃん」だったのです。

ワンコすごいすごい

冷静になって考えると犬が吠えただけなんですが

ワンコが16歳2か月の頃、ツイッターにこんな投稿をしました。

『ワンコはもうほとんど吠えないんですが、
今日、お客さんが来たことに気づいて、番犬吠えしました！
「ヴォワン！　ワン！　ワォーン！」って！
それだけで家族が大喜びしてみんなでなでて、
チーズあげちゃったりなんかして、
まだお客さんいるんだけど、満足して爆睡する、ワンコ16歳』

冷静になって考えると犬が吠えただけなんですが、老犬のいる家庭では驚きの大

ニュースなんです。

若い頃のワンコは、とても優秀な番犬でした。知らない人が家に来ると一目散に玄関に走って行き、扉の前でけたたましく吠えていました。私が抱っこすると落ち着くのですが、下ろすとまた吠えます。仕方ないので、うちではいつも私に抱っこされたワンコが、玄関でお客様をお出迎えしていました。娘ちゃんの学校の先生が家庭訪問でいらした時も、会話が聞こえないほど吠えるので、抱っこしたまんまワンコもずっと私の膝の上で先生の話を聞いていたくらいです。

そんなワンコも歳をとって、ほとんど吠えなくなりました。玄関に飛んで行くこともありません。お客さんに気づかないのか、多少のことは気にしなくなったのか、定かではありません。でも、元気な頃のワンコにとって普通だった姿が、もう見られなくなってしまい、少し不安を含んだ寂しい気持ちが、いつも心にありました。

だからこそ普通のことができた時、それが家族の一大ニュースになります。「今日はごはんをいっぱい食べた！」「お水をこぼさずに上手に飲んだ！」「お散歩がとって

も楽しそうだった！」などなど。しまいには、「今日、目が合った！」ってそれだけ

で大喜びし、写真撮りまくって家族に共有して自慢し、漫画に描いてツイッターに投

稿しちゃうくらいです。

ワンコは毎日少しずつできないことが増えていき、お世話の手間も増えていきます。

大変なんだけど、その分できた時はうれしくて、家族で報告しあって一日中盛り上が

り、みんなで「すごいすごい、えらいえらい」って言ってワンコをほめ称えます。

ワンコはすごくえらいんです♡

そして、今日もかわいいんです♡

16歳のワンコは、
いつも
うつむいていて、
なかなか目も
合わせてくれません。

なので…

目があった、
それだけで
大スクープです。
ひさしぶり!!
おーい
?

「またね」と言える日

「また」があるということは、これが最後ではない

その日は朝から雨で、仕事前にワンコの様子を見に行くと、16歳3か月になったワンコはベッドで静かに寝息を立てていました。傍のソファに座って、その寝息を聞きながら、ポケットのスマホを取り出してツイッターを見ると、いつも気になって応援していた、ある老犬が亡くなったことを知らせる投稿が上がっていました。うちのワンコと同じ歳のコでした。

スマホの中の悲しいお知らせは、隣で聞こえる寝息がいつか聞こえなくなる日が来ることを予感させ、不安が急に現実的な色と重さをもったような苦しい感覚になり、ツイッターの文字が追えなくなりました。

いつか来るワンコとの別れを、どうやって受け止めればいいんだろうと、いつも考えていました。ツイッターでワンコとの日常を綴り始めて半年が過ぎ、同じように頑張っている老犬と飼い主さんたちの様子を伺うことができるようになって、自分たちも頑張る勇気をもらいましたが、愛犬を失って悲しみに暮れる飼い主さんの様子も、同時に知るようになりました。

「#秘密結社老犬倶楽部」の投稿を読んでいると、愛犬が亡くなることを「虹の橋を渡る」と表現されていることが多いと気づきます。その七色の橋を駆け登って行く愛犬たちを、飼い主さんたちは「またね」と見送っています。

その「またね」という言葉は、まるで遊びに行った友達と駅で別れる時のようで、なんだかそっけないなと最初は思っていました。けれど、半年間ツイッターを読んでいるうちに、「またね」という言葉に「また会おう」「また一緒に散歩しよう」の気持ちがあると感じるようになりました。

「また」があるということは、これが最後ではないという意味も込められていて、飼

い主にも老犬たちにもやさしい言葉なのだと気づきました。私にもいつか、「またね」って言える日が来るのかな……そう考えました。

「ワンコがいなくなったらどうしよう」

不意に、自分でも考えていなかった言葉がこぼれて、涙が止まらなくなりました。ワンコの寝顔を見ながら、私を置いて行かないで……って考えてしまいます。

ただ、そう思っている自分をちゃんと自覚できるようにはなれました。でもこれじゃきっと、ワンコは安心できないでしょう。もっと強くならなきゃいけません。

涙を拭って、決心しました。決心は、したけれど……。

この頃はまだ、いつか自分が強い心を持ち、ワンコとの別れをちゃんと受け止められる日が来ると、信じていました。

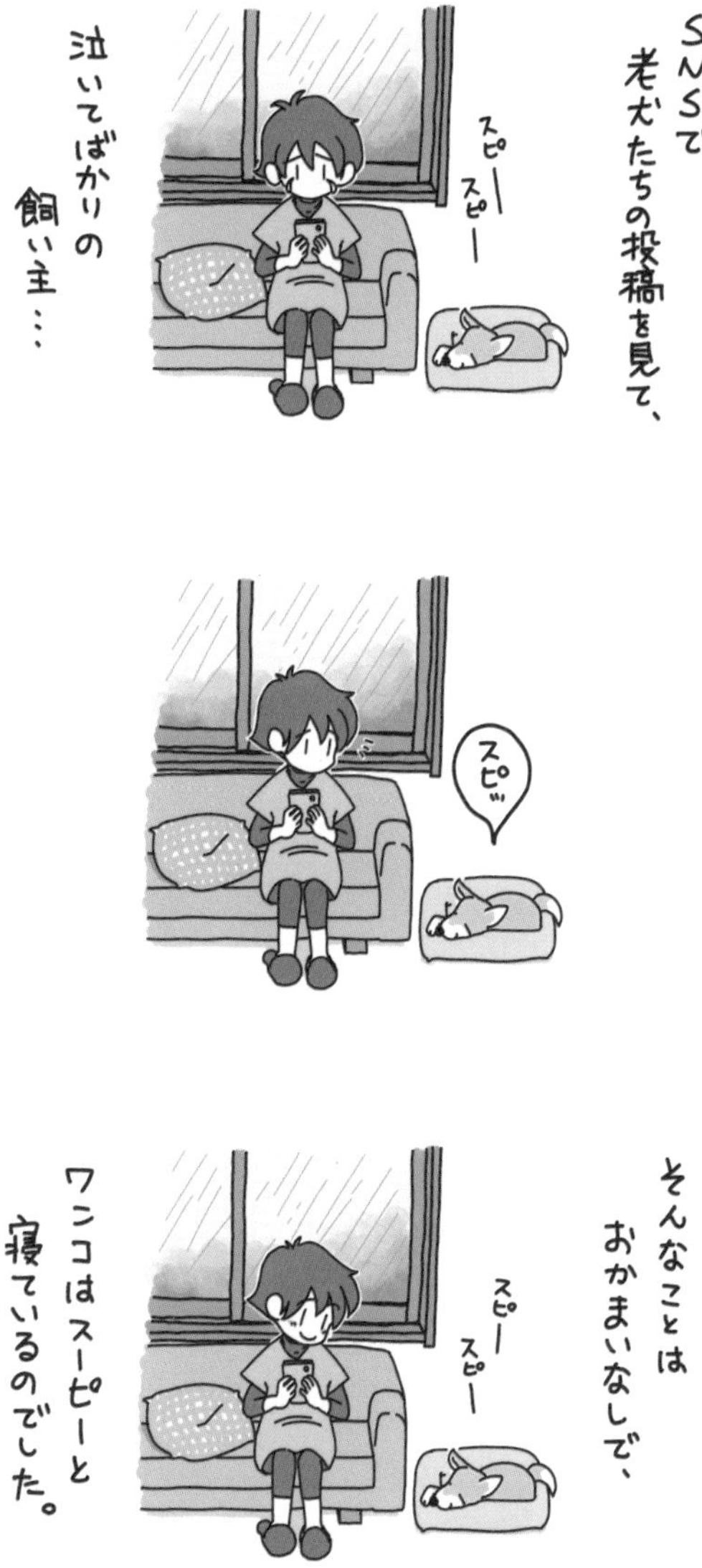
SNSで
老犬たちの投稿を見て、
スピー
スピー
泣いてばかりの
飼い主…
スピッ
そんなことは
おかまいなしで、
スピー
スピー
ワンコはスーピーと
寝ているのでした。

オシッコブラボー

トイレはずっと外で済ませていたうちのワンコが！

（ワンコ16歳4か月の秋のツイッターより）

23時20分　まだオムツデビューしてないワンコ、今、ケージの中でオシッコしちゃってたのを発見して、ケージびしょ濡れ、家族大騒ぎなう！

23時34分　とりあえずまず、ワンコをケージから出して、お尻拭いてあげたら……またオシッコしたなう！　家族大騒ぎなう！

23時50分　ケージと、トイレと、ベッドと、タオルがオシッコで全滅！　キョトン顔で大人しく待ってるワンコと、バタバタしながらなぜかずっと笑ってる家族。

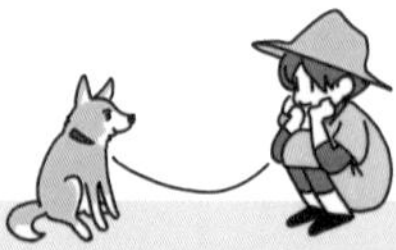

23時55分　全部きれいにして、オフトンも換えてあげて、家族もそれぞれオフトン敷いて、今日はみんな同時に、おやすみなさい。

16歳のこの頃から、ちょくちょくお漏らしするようになりました。室内犬にとってこれは結構なトラブルです。夜中でもなんでも、ベッドもタオルも全部取り替え、ひどい場合はワンコの体も洗ってあげなくてはいけません。オムツを穿かせることも考えましたが、なんだか決心がつかず、大変なのにもかかわらず、家族で協力して頑張っていました。ワンコをきれいに拭いてあげるとーさん、ベッドを取り替えて洗濯する私、シートをきれいに敷き直す娘ちゃん、みんな特に打ち合わせたわけじゃありませんでしたが、ワンコがきょとーんとした顔で待っている姿をチラチラ見ながら、笑って作業していました。

全部きれいになって、ホッとした様子で寝ついたワンコを見ると、全員、とてもなく幸せな気持ちになりました。

なんだかお手本のように優秀な家族のワンシーンですが、内心はしんどかったと思

います。「もうやだ」と思っていたはずです。

けれど、本当に、きょとーーーんとしてるんです。笑っちゃうくらい、きょとーーーんなんです。バタバタしてる家族のそばで、じっとして動かず、待っているそんなワンコの様子を見ていたら、自然と家族は笑顔になっていました。「まいっか、しょうがない、きれいにしてあげなくちゃ」そんな風に考えていました。

協力しようと頑張ったのは、多分、ワンコも同じです。試しに時間を計って外へ連れ出してみたら、ススッと庭でオシッコに成功！「なんてお利口なんだ！」と家族で大喜びしました。ワンコの協力のおかげで、「次のオシッコは○時間後だね」と、オシッコスケジュールを把握できるほど、家族は介護プロになりました。

それでも、家族が時間に間に合わない時がどうしてもあります。仕方ないことなんです。しかしある時、外出から慌てて戻ってワンコの様子を見に行くと、トイレトレーの真ん中にきれいにオシッコしていたことがあったんです。若い頃、トイレトレーを覚えた時期がありましたが、嫌がって、トイレはずっと外で済ませていたうちのワン

コが！　トレーの！　ど真ん中に！　見事なまでのオシッコを！

家族はワンコをライオンキングのように称え、我が家はブラボーの嵐となりました。

こんな風に、老犬介護の日常は、当たり前のことがいちいち感動的でした（寝不足の家族は、しょっちゅう朝寝坊していたんだけどね）。

ワンコにお留守番
してもらっていて、

帰りが遅くなって
しまいました。

すぐに、ワンコの
様子を見に行きました。

トイレトレーの
ど真ん中にオシッコ
?
えらい!!
天才!!

かわいいという謎

うちに落ちている吹き出しの8割5分は「かわいい」

ここで言いたいのは、ワンコがかわいい、ということです。

老犬になってから、ワンコに「かわいい」って言うことが増えたように感じます。もし、人が発した言葉が全部吹き出しになって、その辺に落ちていたとしたら、うちに落ちている吹き出しの8割5分は「かわいい」だと思います。足の踏み場もないくらい、「かわいい」が転がっているはずです。

もともと、私も家族も犬好きで、自分たちの家族となったコが余計にかわいいというのも特段不思議ではないのですが、老犬になり、ヨレヨレで寝てばかりになっても、「かわいい」と思う気持ちはますます強くなっていました。本当なんです。

耳が遠くなって、呼んでも走ってきてくれることはないし、何をしても喜んで尻尾を振ってくれることはありません。散歩に出かけてもほとんど動かなくなるし、ごはんもトイレも上手にひとりでできなくなって、常に介護が必要になっても、とてもとてもかわいくて愛おしく思いました。かわいいって言うと罰せられる法律ができたとして、富士山の山頂でのみ許されるとしたら、私、登ります。そして日本一の山頂で、
「ワンコかわいいぃいいいーーー！」と。

まあ、こんな風にちょっとどうかしちゃってるくらい、老犬になったワンコのことを「かわいい」と感じていました。実際、老犬との暮らしを経験した方に聞くと「老犬特有のかわいさがある」とおっしゃる方が多いです。「特有のかわいさ」ってなんだろう？　老犬と暮らしていると、そんなことも真剣に考えてしまいます。このかわいさは一体なんなんだろう？　世界中の頭のいい科学者や研究者たちの中には、絶対愛犬家もいるはずです。老犬のかわいさの謎に、気づかないはずはありません。きっと何かあるはずです！　老犬ファクターエックスが！

科学的究明はさておき、老犬と暮らしていて気づいたことがあります。目が見えな

くなり、耳も聞こえなくなり、筋力もなくなって、ワンコは少しずつできないことが増えていきました。けれど、ワンコの中のキラキラした「大好き」という気持ちだけが何も変わることなく、瞳の奥にあり続けました。家族を思う気持ちには、何も変化がなかったのです。

ほとんど動けなくなった晩年も、その体温と呼吸で、それは確信できました。お互いにしんどいことはたくさんありましたが、ワンコの背中をなでていると、背中の強張りが徐々に緩くなってワンコが安心していくのが感じられ、家族は幸せな気持ちになりました。胸の奥の方から言葉が滲み出るのです。

「かわいい……」

なんだかノロケみたいですが、ここで言いたかったのは、ワンコがかわいい、ということなんです。はい。

もし、人の発する言葉が全部 吹き出しになって、

その辺に落ちていたとしたら……

うちに落ちてる吹き出しは、

8割5分「かわいい」だと思います。

それはもう、

あふれんばかりに……。

老犬の1日

ナデナデは私とワンコとの会話みたいなものでした

老犬もスケジュールにはこだわりがあります。いつも決まった時間に、前日と同じことをやりたがるので、飼い主はワンコが歳をとってからの方が、時計を見て時間通りに動く、規則正しい毎日になりました。

朝は6時にワンコ目覚ましが発動します。

「キューン、キューン……」

飼い主家族は夜遅いことが多いので、もうちょっと寝かせてほしいのですが、容赦なく起こされました。耳が聞こえなくなってからは返事しても鳴き続けるので、代わ

りに背中をナデナデします。するとワンコは私が近くにいるとわかってくれて鳴き止み、朝の散歩の準備ができるまで待ってくれます。ナデナデは私とワンコとの会話みたいなものでした。

歳をとってからも朝夕の散歩は欠かしませんでしたが、だんだんと短い時間しか歩けなくなっていました。そこで、お昼も庭に出してやるようにしたら、ちゃーんとオシッコもするようになり、お昼の庭をウロウロするのも、習慣になりました。もう遠くまで歩けないし、走ったりできないけど、鼻先であたりの風を感じたり、土や草の匂いを嗅いだりしていると、目がキラキラしてきて、ワンコが楽しそうにしているのが、私にも伝わってきました。

動かない散歩は飼い主がかなり暇なんですが、妄想がはかどります。ワンコがゆっくりと腰を下ろして動かなくなると、今、森の精霊たちに説法を始めたんだと妄想し、人間の目には見えない精霊たちがワンコを取り囲んでいる様子を勝手に想像したりして楽しんでいました。デスクワークで行きづまりがちな私にとって、ワンコとの1日3回の超低速散歩は、貴重な時間でもありました。

老犬になって新たに加わった習慣がいくつかありますが、そのうちのひとつが、究極の寝る体勢の模索です。多分、痩せ始めていたので良い体勢でないと体が痛かったのだと思います。ケージの中を歩き回り、腰を下ろしては起き上がるのを繰り返しました。見かねた家族がベッドの位置を変えたり、タオルの場所を変えたりして協力するのですが、1時間以上かけても決まらないことが度々で、最後は疲れ果ててぐったり。ナデナデして慰めました。

一日中ほとんど寝てばかりで、吠えなくなったワンコですが、夕飯前だけは必死でワンワンと言ってました（ワンコ談：だって、かーさんってば何度もごはん忘れるんだもん！）（かーさん談：夕飯前の働く主婦は猛烈に忙しいんです、はい、ごめんなさい）。

老犬が吠えると、テノール歌手です。若い頃と違って、腹から声が出ています。そのテノールの歌が始まると大慌てでごはんを用意するのでした。

歳をとって、目やにが増えました。
朝の散歩の後、顔を拭いてあげるのですが…
なぜか徐々に近づいてきて、
最終的に…
チューになります♡
毎日拭いてあげちゃいます♡

改めて思い返すと、私はずっとワンコの背中をナデナデしていました。うちのワンコは柴犬っぽい雑種ですので、触られるのはあんまり好きじゃありません。それはお互いにわかっていましたが、目も耳も弱くなってからはこれだけがワンコとの意思疎通方法でした。不安な時も、うれしい時も、怒っている時も、背中をナデナデしました。ナデナデしているうちに、落ち着きました。ワンコも、私も。

ん？　イラストにある22時半からの「ゴールデンタイム」が何か気になる？　これについては簡単には語り尽くせぬ内容ですので後ほどゆっくりと……。ただ、これだけは言えます。寝ないです。寝てほしいです。もーほんとに。だから飼い主家族は、夜遅くなるのです……。

老犬の1日

6:00 起床。ナデナデされる。

6:30 朝の散歩。お顔つキつキ。

7:00 朝ごはん。けっこうこぼす。

8:00 寝る。時々ナデナデされる。

↓

12:00 昼の散歩。庭をウロウロ。

12:30 おやつ。

13:00 究極の寝る体勢を模索し、動き回る。

寝る。ナデナデされる。（時々）

↓

16:30 夕方の散歩。

17:00 ワンワン言う（ごはんくれるまで）。

17:30 夜ごはん。けっこうこぼす。

18:30 寝る。時々ナデナデされる。

↓

22:30 ゴールデンタイム♡

↓

うちの隣の黒柴くん

うちの隣にはおじいさんと暮らす黒柴くんがいます。体はちょっと小さめですが、若くて元気いっぱい。猿の群れや、見知らぬ人間が来ると吠えて知らせてくれる、とっても頼りになる番犬です。おじいさんのことが大好きで、庭を掃除するおじいさんの周りを走り回ったり、縁側で一緒に日向ぼっこしてる様子が、うちのキッチンの窓から見えて、いつもほっこりしています。

おじいさんも、そして黒柴くんも、一番近くで、私たちを見守ってくれていました。黒柴くんは散歩中に出会うと鼻先でワンコに挨拶してくれ、私の顔を見てワン！とひと声かけてくれました。おじいさんは「かわいいね、えらいね」とワンコのことをほめてくれました。いつもの挨拶だけれど、老犬介護に疲れている時、そのひと声に救われることが多かったです。

COLUMN

うちの隣には、おじいさんと暮らす

元気な黒柴くんがいます。

おじいさんのことが大好きな黒柴くん、

二人はいつも仲良しです。

そんな様子をキッチンの窓から拝見し、

幸せな気持ちになる隣人の私。

ワンコSOS

いつ、どんなことがあっても、不思議はないよね……

23時。ワンコが突然吠えました。

「タスケテ！　カーサン！　カーサン!!」

そうゆう感情の時の吠え方です。「ワン！」と「キャン！」が混じったような声で、「ウワワワワゥ！　ウワゥ！　ワン！」と震えるように鳴き続けます。パニックの時の鳴き方です。犬と暮らした経験のある方はわかると思いますが、吠え方にもいろんな種類があって、感情がこもっています。長く一緒に暮らしていると、愛犬の単純な「ワン！」の中に、意味が感じ取れるようになります。普段は聞くことのない、ワンコのSOSでした。

とーさんも私も、寝る前の片付けや読書をしていましたが、全部放り出して、慌ててワンコのところに駆けつけました。

「どうしたの？　どこか痛いの!?」

私は、吠え続けるワンコを抱き上げて、声をかけました。ワンコはかなり動揺している様子でした。とーさんがベッドの中や、ワンコの体の様子など、確認してくれましたが、特に異常はありません……。

抱っこして、話しかけながらしばらくなでていたら、30分ほどで徐々に落ち着き、寝てくれました。原因はわからないままでした。

怖い夢でも見たのかな、何か不安なことでもあったのかな……？

急なトラブルはこの頃からよく起こるようになりました。

別の日の明け方には、鼻か喉に何か引っかかっているようにゲーゲーと言い出して止まらなくなりました。背中をなでてやりますが止まりません。心配したとーさんがネットで検索してくれました。似たような症状の動画が見つかりました。どうやら「逆くしゃみ」のようです。重い病気ではなさそうでしたが、力のない老犬にはちょっとハードなくしゃみです。なんとか止めてあげたくて、鼻に息を吹きかけるなどネットで紹介されている対処法を試しますが、うまくいきません。

結局、ゲーゲー言いながらフラフラと散歩し（楽しそうに）、ホゲホゲ言いながらごはんを食べた後、多めに水を飲んで、ようやく止まりました。

また別のある日、いつも通り夕ごはんの缶詰めをゴーカイにこぼしながら食べた後、1時間ほどして全部吐いてしまいました。この時も、それまで聞いたことのないような大きな声で苦しそうに鳴き続けました。そばで背中をなでてあげながら病院に行くことも考えました。

うちのワンコは病院が大嫌いです。老犬になってからは、町の病院に行くことすら

気力も体力も保つかどうか心配でした。できるだけ、大好きな家で家族と一緒にいさせてあげたい……。病院に行くか行かないかを、グルグルと頭の中で悩みながら、ワンコの緩く温かい背中をなでていました。

その時も、なでているうちに落ち着いて、またぐっすり寝てくれました。よかった、よかった、よかった……何回言ったかわかりません。

どのSOSも、若い頃には一度もなかったことでした。晩年は大きな病気や怪我もなく、とても穏やかな老犬生活を送っていたので、こうしたトラブルは珍しく、その度にとても心配しました。この頃のワンコは、もう何をするにも力がなくなってきたので、何かの病気じゃないのか、苦しくはないのか、痛くはないのかと、家族は毎回ハラハラしていました。

もうすぐ17歳になるし、いつ、どんなことがあっても、不思議はないよね……。

家族はみんな覚悟していたと思いますが、それは言葉にしたくありませんでした。

ワンコのＳＯＳの翌日、朝の散歩中に、お隣で黒柴くんと暮らしているおじいさんに声をかけられました。

「昨日、ずいぶん鳴いていたようだけど、大丈夫かい？」

ワンコの声は、お隣まで聞こえていたようです。

おじいさんのやさしい声かけに、私の方が泣いちゃいそうでした。

怖いもの

「臆病」という個性も、愛おしく感じました

うちのワンコは、なんの変哲もない雑種犬ですが、「臆病」であることにかけては日本代表チームに入れるのではないかと思っています。

子犬の頃は母犬の前足の間から常に離れず、お陰でほかの兄弟が早くに引き取られていっても、ひとりだけ母犬のそばに残りました。

生後3か月を過ぎてうちにやってきた時、夜になるとやっぱり母犬が恋しいのか、キューンキューンと鳴き始め、それがとてつもなく、しぶといんです。ワンコを迎える前に買っておいた『子犬の育て方』という本には、「ケージに入れて毛布をかぶせ、暗くしておいてやると、15分で諦めて大人しくなります」って、書いてあったのに、

4時間経っても5時間経っても、まったく変化なく鳴いています。「ここは飼い主さんの辛抱です！」って本には書いてあるから、私たちも布団をかぶって我慢しますが、鳴きやむ気配もないまま、それが何日も続いて、ついに……！　飼い主が泣きました（ケージで寝かすことを諦めて、一緒に寝るようになりました）。

大きくなってからも、怖い夢でも見るのか、怯えた様子でクーンクーンと鳴いて、深夜に起こされることがちょくちょくあったので、ワンコのすぐそばに私かとーさんが交代で寝て、鳴いた時はなでたり、気分転換に庭に出してやったりしていました。ワンコを怖がらせるものが一体何だったのか今でもよくわかりませんが、家族がいないと眠れないコでした。

病気で動物病院に入院した時、うちのワンコの「夜泣き」があまりにすごいので、病院中の犬たちに「伝染」し、それまで鳴かなかったコまで鳴き出して夜中に大変な騒ぎになってしまったこともありました。早朝に先生から電話があって、このままだと安静にさせることが難しいとの判断で、早期退院するという事態に……。

普段はイタズラも悪さもほとんどしない控えめなコなのですが、怯えるととんでもないパワーを発揮するのです。大きな音も大嫌いで、運悪く留守番中にゲリラ豪雨に見舞われた時などは、脱走防止用のバリケードを破壊し、雨戸もぶち破りました。畳を掘って大きな穴を開けたこともあります。

ああ、思い出すと本当に手のかかるコだった……。

臆病が過ぎることを、動物病院の先生に相談したこともありました。

「うーん、このコの場合、もしケージで留守番させても、ケージが壊れるか、ケージを壊そうとして本人が大怪我するかのどちらかでしょう。なるべく一緒にいてあげるしかないと思います」

先生もトレーナーさんも、同じ意見でした。とにかく家族がそばにいないと、不安で不安でダメになってしまう、うちのワンコなのでした。

ワンコが大騒ぎして早期退院した朝、家に連れ帰ると嘘みたいに大人しくなりました。安心してスヤスヤ寝ている様子を見ていると、「臆病」という個性も、愛おしく感じました。雷や花火、地震や豪雨、ワンコにとって世の中は怖いものがいっぱい。若い頃はいつも怯えた顔をして、家族のそばで震えていました。家族もワンコのために、天候や地域の花火の情報などに気をつけて、できる限り一緒にいるようにしました。大変だけど、ワンコに頼りにしてもらえるのは誇らしくもありました。

もうすぐ17歳になるある時、ワンコの表情が穏やかになっていることに気づきました。写真を見るとそれは明らかで、若い頃に比べて表情が明るく、ニコニコしていることが増えました。怯えた表情がなくなったのです。目が見えなくなり、耳も聞こえなくなったら、怖いものが少なくなったのかもしれません。

目も見えず、耳も聞こえない世界は、辛いものだと思います。でも、穏やかになったワンコの様子を見ていると、ワンコは別の何かをハッキリと感じているように見えました。それはきっと、お互いの「大好き」の気持ちだったのかも……。

雷の大きな音が
苦手だった ワニコ、
大雨の音も、
昔は大嫌いでした。
ザーーッ
うちのワニコが
まだ若かった頃。
運悪く
お留守番中に
あわてて帰宅中
ゲリラ豪雨に
なってしまいました。
帰宅してみると
家の中は
めちゃくちゃで、
ワニコが、
いなくなっていました。

必死で家中を捜したら…
あーーッ かーさあん!!!
脱走寸前のところを発見!

ほんの30分程のことでしたが…
かーさぁぁん うえーん
よしよし もう大丈夫 大丈夫…
ワンコにとっては、相当に怖い音だったようです…。

数年後、ワンコは老犬になり、耳が聞こえなくなりました。
怖いものが少なくなって、ちょっとうれしそうです。

仕事場を覗く0歳の頃のワンコ

ALBUM

座布団があるととりあえず座る

白い手足が
チャームポイント♡

ボールは独り占めするタイプです

10歳の時の凛々しいワンコ

いくつの時も寝顔は天使

ALBUM

窓の外から覗き込む丸い瞳

庭も台所も見えるこの場所が好き

とーさん何食べてるの？

ALBUM

かーさーん、おうちに入れて～！

ここが一番あったかいね

白い美犬だった先代ワンコのシロ

ALBUM

第３章

✤

ワンコ17歳

17歳になりました

17年間ずっと、私の足元にいます

2021年6月30日、ワンコはめでたく17歳の誕生日を迎えることができました。

ツイッターを始めて1年半になっていました。いつものように夕方16時半に散歩に出て、いつもの場所で座り込んで動かなくなったワンコと一緒に、いつもの川を眺めながら、「あと、どのくらいツイッターを続けられるんだろう……」と考えていました。ワンコは座っているのも疲れちゃったようで、私の足元にもたれかかって休憩していました。うれしそうです。あんまり歩けなくなっても、散歩は大好きで、いつも楽しそうでした。

足元のワンコの体温を感じながら、17歳になった報告をツイッターに投稿しようと

考えていました。そうしたら、これまでのことがどんどん思い出されました。

そういえば、小さい頃は母犬から離れなかったって聞いたなぁ……。大きくなっても臆病で、雷の音を怖がって、私の机の下で震えていたね。屋根から雪が落ちる音に驚いて、キッチンで皿洗いしている私のところにすっ飛んできて、私の足の間から顔を出してキュンキュン泣いていたね……。

思い出したら、泣けてきました。

犬の17歳はかなり長寿だと思います。続けてきた「#秘密結社老犬倶楽部」の投稿は、老犬介護の大変さと一緒に、老犬の特別なかわいさと、一緒に頑張る暮らしの楽しさを知ってもらいたいという思いもありました。歳をとったという理由で捨てられる犬が少しでも少なくなれば……、そう考えていました。

ツイッターでの報告は、17年間、変わらず私の足元にいる、そのままの様子をイラストに描いて投稿しました（巻頭イラスト）。

この投稿が、多くの方の目に触れることとなりました。「いいね」の数も、フォロワーの数も、数日のうちにびっくりするほど膨れ上がり、たくさんのコメントをいただきました。

この投稿をしたことで、ちょっと考え違いがあったことに気づきました。コメントを寄せていただいた方の多くが、老犬との暮らしをすでに経験されていたのです。介護は大変だけど、老犬たちはとてつもなくかわいくて、一緒の暮らしが素晴らしいことを、みんな知っていました。私が大きな声で言う必要なんてなかったんです。

ワンコは17歳になりました。

17年間ずっと、私の足元にいます。

多分、みんなと同じように。

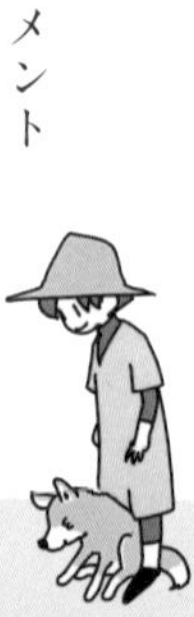

17歳のワンコ
の散歩は、
あんまり
歩きません。

……

おさんぽ
楽しいね。

くれないの老犬

もし「あなたのワンコの後頭部はどれだ選手権」があったら

ワンコ17歳1か月のある日。私はワンコのケージの前で倒れていました。うつ伏せで足を投げ出し、床にべったりと倒れ、唸るようにつぶやきました。

「むふ、むふふふ♡　今日もかわいいいねぇ」

この頃のワンコはいつも首を垂れていて、顔を見せてくれなくなりました。なんとか表情が見たいと思って、こっちが目線を下げていくうちに、ついに床にべったりと寝転んでワンコの顔を見るようになりました。鼻先まで顔を近づけたら、ワンコも気づいてうれしそうにしてくれます。

首を持ち上げる力がなくなってきたのだと思います。ワンコが私たちを見上げていたことさえ、当たり前のことだったのに、できなくなったことのひとつでした。

名前を呼んでも、走ってきてはくれません。お散歩に行こうって声をかけても、尻尾を振ってはくれません。一緒にお散歩に出かけても、走ってくれません、歩いてもくれません。いつもうつむいていて、目を合わせてすらくれません。考えてみると犬と暮らす楽しみの多くがなくなってしまい、ワンコは「くれない」の老犬になってしまいました。

けれど、そんなことはまったく問題なく、ワンコは日に日にかわいくなっていました。17歳のワンコとの暮らしには、新しい楽しみや、発見があったのです。

あまり歩けなくなったので、よく抱っこするようになりました。若い頃は抱っこしても嫌がってすぐ逃げちゃってたので、老犬になってからできるようになった楽しみでした。ワンコの重さや体温を胸に感じながら、首元に顔を埋めてモフモフできます。これ最高です。

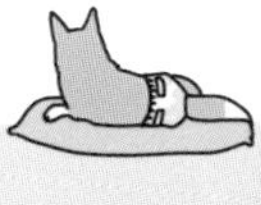

目が見えなくなると、ワンコと目が合わなくなります。正面からちゃんと私の顔を見ることが少なくなり、私の方は気づくとワンコの後頭部ばかり見ていました。そして、後頭部が素晴らしくかわいいことに気づきました。その丸み、耳の形、これも最高です。シルエットを暗記できるほど見てたので、もし「あなたのワンコの後頭部はどれだ選手権」があったら、ぶっちぎりで優勝する自信がありました。

ツイッターでそんな様子を自慢投稿したら、なんと老犬の飼い主さんたち、みんな同じようなことをしてました。床にべったり寝転んで犬の顔を見てるし、抱っこを楽しんでいるし、後頭部の写真もすぐにコメント欄に投稿できるくらいスマホに常備されていました。

そうか、老犬がかわいいゆえに、飼い主たちも申し合わせたように同じことをするんだ……と、謎が解けた探偵のように真顔で納得してしまう、私なのでした。

0歳も かわいい

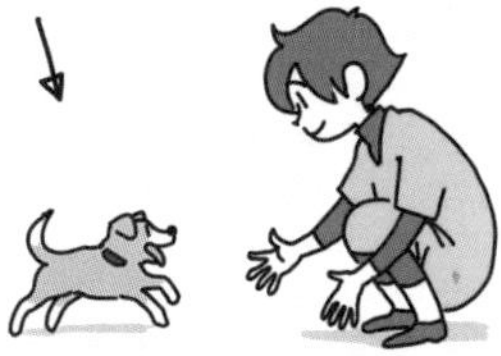

4歳もかわいい

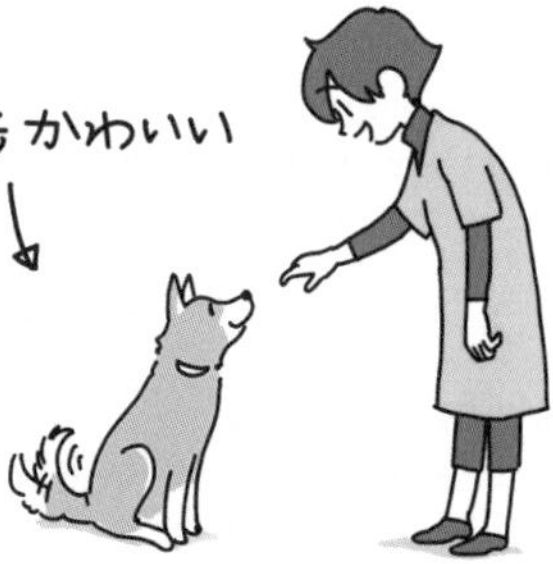

とっても

17歳も かわいい♡

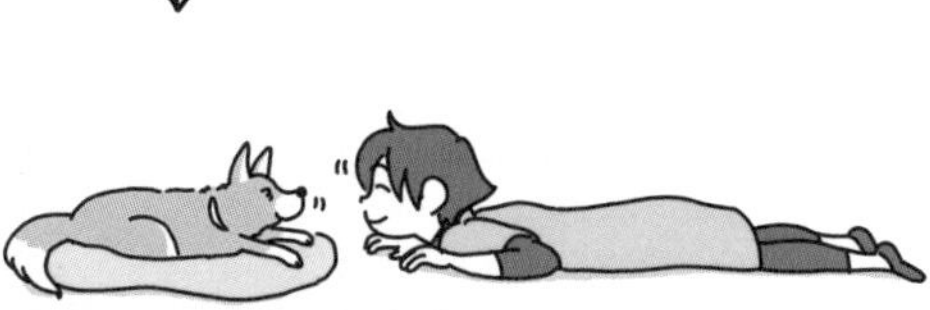

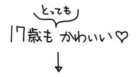

ツンデレ

「普通のことができた！」という幸せな瞬間

ある日のお散歩で、ちょっと調子の良かったワンコが、10メートルくらい一緒に歩いてくれました。それだけなんだけど、とてもとてもうれしくて、とてもとてもとても幸せでした。

ワンコは1歳半から14歳まで、ほとんど変わりなく元気にいつもの毎日を過ごしていました。老化なんてしないんじゃないかと思うほどでした。怪我や病気はあったけど、散歩もごはんも夜泣きも、ほぼ間違いなく通常運転でした。

けれど15歳過ぎてからは少しずつ、17歳になる頃には毎日、「通常」が変化していきました。ごはんの量も徐々に少なくなり、市販のおやつも食べられる種類が限られ

てきました。トイレも間隔が短くなり、上手にできなくなってきて、庭に連れて行くタイミングや場所を変えたりし、その時のワンコが一番楽なスタイルを探る毎日でした。家族はそんなワンコの変化を観察しながら、今日はこうしてみよう、明日はこうしてみよう、と毎日考えていました。ずっと当たり前だったことが、普通にできなくなっても、悲しんでいる暇はなかったのです。

そんな家族に、ご褒美みたいに時々訪れるのが、「普通のことができた！」という幸せな瞬間でした。もうほとんど歩けなくなっていたのに、ヨロヨロしながら私の横を一生懸命歩いてくれて、たった10メートルでしたが、ああ、散歩してる！　私とワンコ、普通に散歩してる！

とてもとてもうれしかったです。とてもとても幸せな気持ちになりました。帰宅したら家族全員に報告しました。10メートル、散歩したよって。めっちゃかわいかったよって。デレデレで。

ほとんど歩けなくなっても、私たちは毎日散歩に出かけました。いつもの時間にな

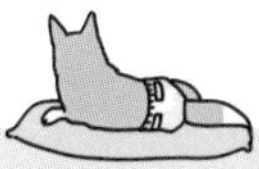

ると抱き上げてケージから出すのですが、ワンコの方もそれが散歩の合図だと理解したようで、ある日、抱き上げた時にうれしそうにペロッて私の顔を舐めてくれました。

うれしい！　舐めてくれた！　また家族に自慢しなきゃ！

喜んで私もワンコの顔に頬を寄せてスリスリ♡　するとワンコは抱っこされた状態で後ろ足に力を入れて、私の顔をぐいっとよけて、「かーさん、近寄り過ぎです」と拒否されちゃいました。17歳になっても、ツンデレは健在でした……。

散歩に行くので抱っこしたら、
ペロ♡
ペロッとしてくれました。
なので私も、
スリスリ♡しました。
拒否られました。
でし
あーん

老犬あるある

「もしかして」という文字が、頭の中に押し寄せてきました

8月のある日、16時半になったので、寝ているワンコに声をかけました。

「お散歩、行こうか～」

ワンコはケージの中で静かに横たわっていました。背中をなでて、散歩の時間になったことを知らせてから一旦そばを離れ、出かける準備をしてまた戻ると、ワンコはまだ横たわっていました。

「あれ、今日は行かないの？」

歳をとっても散歩が大好きだったワンコ。体調の悪い日は歩かないこともありましたが、外に出るのを嫌がることはありませんでした。もう一度声をかけます。

「おーい、お散歩行く？」

ワンコは動きません。いつもなら顔を持ち上げてうれしそうにするのに……。背中をなでると、温かい。けれど力なく、ぐったりしています。

「……あれ……？」

突然、「もしかして」という文字が、頭の中に押し寄せてきました。

待って、どうして、今？　背中をさすって何度も名前を呼びます。呼吸の胸の動きもありません。待って、行かないで、行かないで！　受け入れられない感情が、ドン、ドン！と胸の奥を叩きました。必死でワンコの背中を大きく揺すり、半泣きでもう一度名前を呼んだその時……。

起きました。ワンコ、爆睡してたんです。

その後、普通に楽しそうにのんびりと散歩をした後、ごはんをモリモリと食べ、満足してうれしそうにニッコリ微笑みを浮かべながら、また寝ました。いつも通りのワンコでした。

うちのワンコは、臆病で警戒心が強い柴犬に近い、雑種犬です。寝ていてもわずかな音や刺激で目を覚ますことは、つい最近まで当たり前の習性で、起きないなんてことは一度もありませんでした。眠りが深くなったのか、耳が聞こえなくなったせいなのか、老犬がなかなか起きないのは、よくあることらしいのですが……。

本当にびっくりしました。かーさんの心臓、1回止まりました。

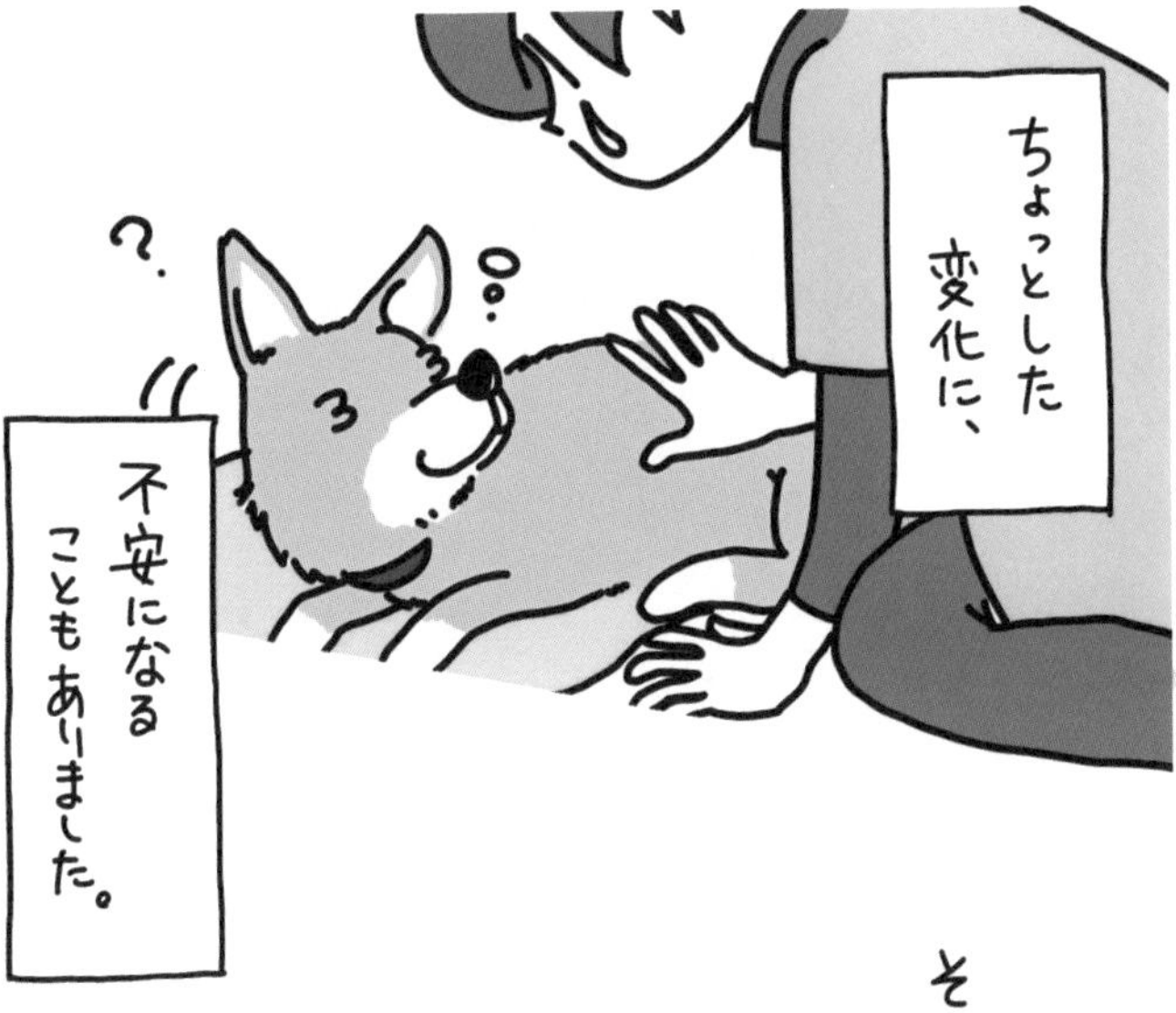
ちょっとした変化に、
不安になることもありました。

そんな日は、

ずっと寝顔を見ていました。

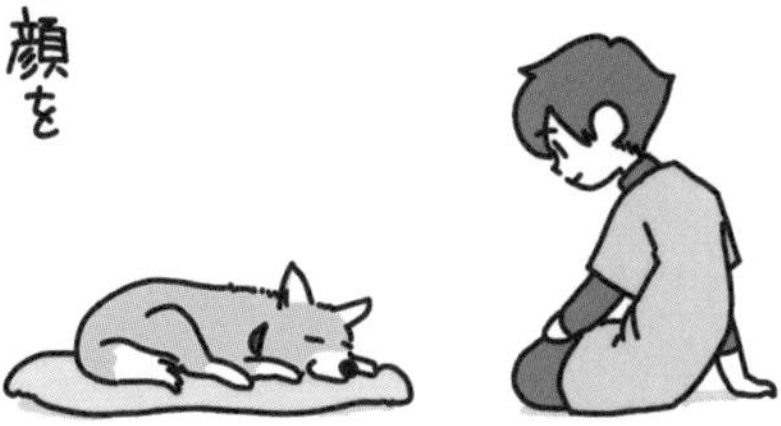

老犬ごはんサポート強化

かーさんの指、ごはんだと思ったんだね

幸運にもワンコは、歳をとってもごはんをたくさん食べました。いつもの時間にごはんが出てこないと、

「ワン！　ワワワン!?」（訳：かーさん！　ごはん忘れてない!?）

と、びっくりするほど大きな声で鳴きました。ごはんが出てくるまで鳴き続けるので慌てて用意する毎日でした。それなのに、ある日、ごはんを残していたのです。

食欲がないのかな？と思って、そのままお皿を下げようとしましたが、もしかして……と思って、もう一度お皿を鼻先に近づけると、ハッとした様子でまた食べ始めま

した。ワンコは、食べてる途中でごはんを見失っていたのです。

ワンコは頑張って口をパクパクしていますが、空振りしたり、たくさん頬張り過ぎて横からズルズルこぼれてしまっています。片手でお皿を持って近づけて、食べやすく口元にごはんがくるように指でごはんを寄せてやったその時……。

「痛！　いたたたたた!!」

人差し指をガッツリ噛まれてしまいました。私が叫べば叫ぶほど、ワンコは必死になって噛みついたまま離してくれません。悲鳴を聞いたとーさんが駆けつけて、ワンコの顎をこじ開けてくれました。

しょうがないね、かーさんの指、ごはんだと思ったんだね。

ごはんサポートをとーさんと交代して、人差し指の傷を水道で洗いながら、自分に言い聞かせました。とーさんに手伝ってもらいながら、時間がかかっても一生懸命食

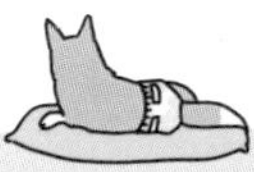

べ続けるワンコの姿は、愛おしく思いました。

でも、指の傷をじっと見ていると、悲しい気持ちは胸に重くのしかかります。若い頃は間違ってても私に噛みつくことなんて、なかったのに……。

ワンコとの信頼関係がなくなってしまったのかなと考えたり、頑張って世話をしているのに、報われないと思うことも何度もありました。老犬介護は頑張った分ワンコが若返るわけじゃないです。頑張っても、毎日、ワンコは弱っていきます。その様子をそばで見ていると辛くなって泣いてしまうんだけど、やめませんでした。どうして頑張れるかなんて、理由は自分でもよくわからなかったです。

ワンコはこの後も何度も噛みつきました。私は両手の指がいつも傷だらけでした。もうね、こっちも意地です。こうなったら完璧なごはんサポート体制を、築き上げてやる！と、ワンコの飼い主としてのプライドが燃え上がりました。

それからは毎日、食べてる間ずっとそばでサポートが必要になりました。豪快に食

べこぼすので、新聞紙やペットシーツを広げました。首を下ろすのがしんどい様子なので、お皿を少し高い位置に設置してみました。食べてるうちに前足が広がってしまうので両手で押さえてやりますが、今度は腰が横に倒れてしまいます。ＳＮＳで、老犬が横になった状態からスプーンで上手に食べさせてもらっている動画を見つけて、やってみましたが、うちのワンコの場合、必死でスプーンに噛みつくので一度でスプーンがボロボロになりました。

そんな感じでごはんサポート体制は改良を重ね、最終的にはワンコを座らせて、私が後ろから足で挟み込み、ワンコの腰と足を支えてやる改良版サポート体制が完成！

また指を噛まれないようにするため、金属製のスプーンを用意し、様子を見て食べやすいようにお皿の片方へごはんを寄せてあげるようにしました。ワンコはこれで、また残さずごはんを食べるようになりました。試行錯誤したごはん体制でしたが、うちのワンコにはこれが大正解だったようで、この体制でしばらくの間、問題なくごはんを食べていました。飼い主のプライドの勝利でした！

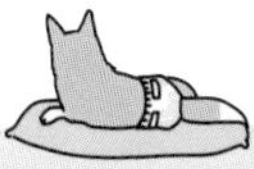

さらにこの体制には、ワンコに嫌がられることなく、背中がなで放題になるという副産物もあります。ごはんサポートは毎日続きますが、毎日なで放題になりました。

でへへ♡が止まりません。

改良前
ごはん サポート体制

改良後
腰がふらふらするので固定する
前足が広がるので足で支える
お皿をちょっと高くしました

でへ
なで放題です

オムツデビュー

その時の自分を楽しんでいる様子がカッコイイ

ワンコ17歳3か月、ついに、オムツデビューしました。

16歳で亡くなった先代犬の経験もあったので、オムツを穿かせることに抵抗はなかったのですが、ワンコ自身が外でオシッコすることにプライドがあるような気がして、ギリギリまで家族で頑張ってお世話していました。けれど、失敗することが増えて1日に何度洗濯しても布団やタオルの替えが間に合わなくなり、決心しました。

ワンコが嫌がるかもしれない。オムツ姿は悲しく見えるかもしれない。そんな風に考えちゃって、えらく身構えながら犬用のオムツの穴に、尻尾を通し、左右の腰のテープを留めました……。

「やーん♡　コレかわいいーーっ♡」

オムツスタイルまでかわいいなんて、老犬のかわいいの懐はどれだけ深いのでしょうか？　ワンコも嫌がることなく、ニコニコと寝ています。

先代犬の頃のオムツは、テープがうまく留められなかったり、尻尾の穴のサイズが合わなかったり、デザインもいいものがありませんでした。しかし今のオムツは、改良されていてとても使いやすいです。そしてデザインが素晴らしい。薄いブルーで絵柄がデザインされていて、うちのワンコの栗色の毛色に完全にマッチしています。

オムツがかわいいからワンコがかわいいのか、ワンコがかわいいからオムツ姿もかわいいのか、しばし真顔で考えましたが、ともかくワンコはこうして、華麗にオムツデビューしました。

愛犬が老いていくことに対してオロオロするのはいつも飼い主の方です。ワンコは毎日少しずつ、できないことが増えていきます。けれど、ワンコの方は騒ぐこともな

く、かえって以前より穏やかになり、かわいい指数がさらに上がっていきました。

そんなワンコの様子を綴ったツイッターを読んでくださったある方から、「老犬たちは、できないことが増えていくことを淡々と受け入れて、その時の自分を楽しんでいる様子がカッコイイ」というコメントがありました。「カッコイイ」という表現、まさにその通りだと思います。ワンコ17歳、めっちゃカッコイイんです。

デビュー後、2か月後にはさらに進化しました。目も耳も弱くなって、歩くことも走ることも、立つことも座ることもできないのに、コッソリとオムツを脱ぐことができるようになりました。ひょっとして天才なんじゃないかと、家族間で噂しました。オムツのサイズが大き過ぎたのかもと考えて、小さいサイズに変えましたが、ひっそりと脱いでました。さらに小さくしても、ソロリと脱いでいました。ホント、プロフェッショナル……。

ワンコ17歳3か月、
オムツデビューしました。
かっ
かわいい…
オムツがかわいいから
ワンコがかわいいのか、
ワンコがかわいいから
オムツ姿もかわいいのか
考え中。
……
ぐー

絶賛散歩中

日常の中には、「普通」という奇跡が散りばめられていました

秋のある日のお散歩中、ワンコがなんと、外でウンチしました。外で！

17歳3か月を過ぎたワンコは、立つことも危ういくらい足腰が弱っていました。でも、グッと後ろ足を踏ん張ったと思ったら、「外ウンチ奇跡の大成功」を成し遂げたのです！　老犬と暮らした経験のある方ならこの興奮をわかってくれると思うのですが、すぐに家族全員に報告し、我が家は歓喜の舞を踊り、ワンコをほめ称えました。この頃はすでにオムツがスタンダードスタイルで、外で普通にウンチするなんてもう無理だと思っていました。だからこそもう、選挙カーに乗って大声で遊説しちゃいたいほど、うれしい出来事でした。外でウンチしただけですが。

その数日後のこと。抱っこでお散歩の途中に地面に下ろしてあげたら、フラッとワンコが歩き始めました。ヨロヨロだけど、地面をつかむように、白い手足を前に前に出しています。慌ててスマホを取り出して、歩いてる姿を動画で撮影しました。1か月ぶりに歩いた瞬間でした。体は以前のように自由にならなくて、後ろに方向が変わってしまったり、倒れそうになったりしても踏ん張り、止まってしまっても、また進みます。ワンコは真剣に、でもうれしそうに、歩いていました。

悩んでも、立ち止まっても、間違えても、前進するその姿に、いろんなことを教わった気がして、目頭が熱くなりました。犬が歩いた、それだけなのに。

ワンコ17歳の日常の中には、「普通」という奇跡が散りばめられていました。ひとつひとつが私たち家族にとって、大ニュースでした。家に帰ると家族はまず、今日のワンコがどうだったか聞いていました。家にいた私は、「楽しそうに散歩したよ、ウンチもオシッコも出たよ、ごはんもちゃんと食べたよ、気持ち良さそうに寝ていたよ」と、普通だったことを報告します。それを聞いて喜んで真っ先にワンコの寝ているところに行って、「イイ子だったねーーーー♡」とほめます。はたから見れば滑稽かも

しれませんが、幸せでした。

歩けなくなっても、毎日朝と夕方、外に連れ出しました。立ったり座ったりも、うまくできなくなって、草むらにへたり込んだまま、動かないことも多くなっていました。

鼻先を風の吹く方へ向け、空気を読むように、ずっと匂いを嗅いでいるワンコは楽しそうで、横で見ている私もなんだか心がウキウキしました。ワンコが、草むらでスンスンしている、それだけなのに。

さわさわ
さわ
ワンコ17歳
絶賛散歩中!
なんか、楽しそう…

一緒にいたね

小さな鼓動と体温を、今もまだ覚えています

目が離せなくなってきました。

「どうしよう。仕事に連れて行くわけにいかないし……あ……大変！ 鳴いてる！」

↓ワンコのもとに駆けつけて抱っこをする↓鳴きやんだワンコふわふわモフモフ↓

「ぎゃわいいいいいいいいいいーーーーっ♡」を、繰り返していました（笑）。

ケージで寝かせていても、首がおかしな方向に曲がってもとに戻せなくなり、キュンキュン鳴いて家族を呼ぶことが頻繁になっていました。少しの間の留守番でさえ心配な状況になったので、家族で相談して必ず誰かがワンコのそばにいるようにしようと決めました。私はほとんど家で仕事するようになり、ほぼずっと、一緒にいるよう

になったのです。

体の向きを変えたり、オムツの交換をしたり、私たちの生活は、常にワンコの体温を確認する作業の連続でした。そんな中でふと、少し昔のことを思い出しました。

震災の日のことです。

２０１１年3月11日。ワンコは6歳でした。

その時、私は在宅で仕事中で、ワンコは隣の部屋で寝ていました。午後の仕事を始めてしばらくした頃、遠くから、重く低い地鳴りが街を飲み込むように近づいてくるのに気づきました。すぐに、これは大きな地震だとわかりました。

とっさに椅子から立ち上がり、大声でワンコを呼びました。ワンコは飛び起きて一目散に走って来ました。もう家が揺れ始めていました。急いでワンコを抱き上げ、外に飛び出しました。

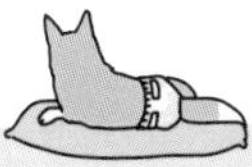

庭の真ん中でワンコを抱いたまましゃがみ込み、街が、地面が、大きく波打つように揺れているのを、ふたりで見ていました。恐ろしい風景でした。

ワンコは私の腕の中でじっとして動かず、「ヒーン、ヒーン」と小さく鳴いて震えていました。聞いたことのない鳴き方で、こんな鳴き方をしたのはこの時だけです。震えながら、怖いのを我慢してじっとしている、小さな鼓動と体温を、今もまだ覚えています。

私たちの地域は、幸い大きな被害もなく、家も壁に少しヒビが入ったくらいで済みました。震えていたワンコは歳をとり、17歳になりました。体が動かなくなって、いつも抱っこしています。その温もりを感じた時、17年という長い時間の中に震災があったことを思い出しました。

そうか、あの時も私たちは、一緒にいたんだね……。

きゅーーん
きゅーん
おや?
はい
はーい
せんたく
17年…
なんだか
ずーっと
一緒に
いるねえ…。
よしよし
いつの間にか、
だっこしたまま
家事が
可能に
なっている!!

残っている光

ワンコの中にある「大好き」という心の光

山が本格的な冬を迎えた頃、ワンコは17歳半を過ぎ、ついにまったく歩けなくなりました。

それでも毎日散歩に行きました。抱っこしたままいつもの散歩コースを歩きます。一緒に朝日を見たり(ワンコにはもう見えないけど)、葉っぱの上に下ろして土の匂いを嗅がせてあげたりしました。そんな散歩ですが、朝夕のこの時間を、ワンコも私も楽しみにしていました。座らせてもフラフラして体勢を維持できなくなったので、いつも私の両足の間に挟んで支えてあげました。足からじんわりとワンコの体温が感じられて、ぬふふ♡ってなります。

雪が降った時、新雪の上に足を下ろしてあげました。ワンコはちょっと驚いた顔で、じっと両手足に集中していました。

「冷たくて、柔らかいな、これは、雪なんじゃ、ないかな、なんだか、ウキウキ、なんでかな？」

そんな風に、ゆっくり考えているようでした。うちのワンコも若い頃は雪が大好きでした。「犬は喜び庭駆け回り」をガチでやってました。老犬になっても、雪にはついついワクワクしちゃうみたいです。喜んでいるようなので、そのまま手を離すと、ワンコはひとりで立っていました。

「あ、立ってる、スゴイスゴイ、エライエライ！」

真っ白な森の中は深く静かで、私の歓声だけがポツンと響きました。ワンコは細い足を懸命に踏ん張って頑張りました。

ワンコは、少しずつ痩せて小さくなっていました。体重を量ると、去年の冬より2キロ少ないです。ワンコの写真を撮ってツイッターに投稿しようとして、少し躊躇してしまうほどになりました。骨っぽくなった手足や、ツヤのない毛並み。濁った瞳、あちこちにできたイボ。力なく動かない体と、だらりと垂れたままの尻尾。知らない人が見れば痛々しくて見ていられない姿なのではないかと、思いました。

でも、ワンコは間違いなくスーパーかわいいです。老犬には独特のかわいさがあるのですが、老犬と暮らした経験のない方に具体的に説明するのが難しいです。いろんなことができなくなって、見た目も変わってしまいました。瞳が白く濁ってしまっても、ワンコの中にある「大好き」という心の光は、私たちにはずっと見えていました。残っている光はどんなに老いてもキラキラし続けていて、ずっとかわいいのです。

散歩から帰ると、体を支えてやりながら水を飲ませました。ワンコがショビショビと飲んでいるのを、飲み終わるまで家族で見ていました。

その時間と体温を、心に刻むように。

夜泣きフルコース

私たちは、もう寝ないと決心しました

我が家では夜22時半から深夜2時を、「ゴールデンタイム」と呼んでいました。夜泣きです。抱っこ抱っこ抱っこ、ナデナデナデナデナデ、トントントントントントントン、まさにフルコースでした。

「#秘密結社老犬倶楽部」の投稿を見ると、老犬たちの夜泣きには皆さんもかなり悩んでおられます。昼間あれだけスーピーと寝てるのに、夜になると寝てくれません。先代ワンコの時も同じでした。先代は認知症になってしまったので、全然寝夜中は悲しそうに泣き出して何をしても泣きやまず、本当に大変でした。その経験があったので、覚悟はしていたのですが、やっぱり夜泣きには苦労しました。

家族が寝る時間になる頃から、ガサゴソと動いては不安そうに泣き出しました。寂しいのかな?と思ってなでてもダメ、喉渇いたのかな?と思って水を持っていっても飲みません。オシッコかも?と考えてオムツを換えても、庭に連れ出してもダメでした。あやして静かになっても、また泣き出します。17歳半を過ぎる頃には朝まで繰り返すようになりました。それが毎晩なので、寝不足の飼い主家族は「限界」のふた文字が脳裏によぎるほどしんどくなっていました。

私たちは、もう寝ないと決心しました。まず、夜型のとーさんが23時に泣き出したワンコをあやします。とーさんの場合はケージの中に一緒に入って添い寝戦法を使いました。ナデナデしたり、寝返りさせたりしながら、ちょっと大人しくなった隙を狙ってとーさんもケージの中で寝ちゃってました。夜中2時過ぎにとーさんが力尽きるので、3時頃から朝型の私が起きてあやします。私の場合は、人間の赤ちゃんと同じように抱っこして背中をトントンしました。この戦法だと寝ないのですが泣きやんで大人しくなります。とーさんにはその間に寝てもらいました。私はそのまま朝を迎え、6時過ぎたら朝の散歩に出ちゃいました。

朝日を一緒に浴びて、家に帰ってくると、ワンコはまた、穏やかにスヤスヤと寝ました。超早起きになってしまった私は夜10時には爆睡してしまって、ワンコがどんなに泣こうと気づけず、またとーさんがワンコのケージに入る……そんな毎日でした。

老犬の夜泣きは、長期になると本当に深刻です。私たちだけじゃなく、夜中に一緒に泣いてる飼い主がどれほど多くいるかわかりません。私も、夜のワンコを苦しめるものの正体さえわかれば、どんなことをしてもやっつけてやるのにと思っていました。

みんなワンコのことが大好きだから、投げ出すことができなくて、終わりの見えない戦いを、ずっと続けているのです。

老犬の夜泣きは大変です。
わんわん
わんわん
わうわうぅぅ
どーしたどーした
よしよし
わんわん
うわう
力尽きたとーさん
そういえば、クリスマスだ…。
あれはね、サンタクロースだから、
気にしなくていいんだよ…。

たぶんこんな感じ

静かな世界にいるワンコは、どんなことを感じていたのでしょうか

ワンコは寝たきりになりました。

自分の力で体を動かすことができなくなりました。立ち上がることができません。首を持ち上げることも難しいです。横たわって、両手足をバタバタ動かすくらいしかできなくなりました。動かない体で、何も見えず、何も聞こえない静かな世界にいるワンコは、どんなことを感じていたのでしょうか。

床ずれ防止のため、家族が時間を見て体の向きを変え、右半身と左半身が交互に下になるように注意しました。首の高さも、その時によって楽な高さが違うようなので、枕の位置を微妙に変えてあげました。こうして、ちょくちょく家族がワンコを抱え上

げるのですが、その度にワンコはびっくりしていました。家族が近づく気配に、気づきにくくなったようです。たぶん、静かな世界でぼんやりしていたら、急に大きな力で持ち上げられる感じなのでしょう。そりゃびっくりするはずです。

そこで、抱える前に少し背中をなでたり、鼻先に手を近づけて匂いを嗅がせたり、「ちょっと抱っこするよ」の合図を送るようになりました。するとワンコは、「あ、かーさんが来た、抱っこかな、お散歩かな」とか「あ、とーさんが来た、枕の位置を変えてもらいたいな」とか考えるのか、ちょっと気構えてくれるようになりました。

寝たきりになっても、日々の変化を覚えるなんて、賢いっ！

晩年のワンコは、日中寝ている間、とても穏やかでした。いつも困った顔をして何かに怯えていることが多かった臆病なうちのワンコが、嘘みたいにいつもニコニコしていました。きっと、怖いものも見えなくなり、恐ろしい音も聞こえなくなり、一日の間に何度も家族がそばに来てくれる生活に、安心できていたのだろうと思います。

なんだか、
なんにも
ないな…
とーさん?
かーさん?、
走っても
走っても
すすまない
よおーーッ

うああああ
こわい
こわい
こわいよおお

あれっ

あ、
かーさんの
においだ
かーさん
どこいた？
おさんぽ
いく？

✤名前の由来

うちのワンコの名前は、毛が栗色なので「クリ」といいます。先代ワンコの「シロ」も、毛の色が名前の由来でした。

先代ワンコは真っ白な柴系の雑種で、ピンクの鼻がチャーミングな美犬でした。晩年になって認知症を患ってしまい、家族みんなで介護しましたが、一番世話を頑張ったのはおばあちゃんでした。シロはおばあちゃんが大好きでした。

シロは16歳で亡くなりました。朝、家事を終えたおばあちゃんが、シロを抱っこしていつものちゃぶ台に座った時に亡くなりました。最後に「ワン!」と大きな声でおばあちゃんに声をかけたそうです。

COLUMN

クリも、なぜかおばあちゃんが大好きでした。もしかしたら虹の橋の向こうでシロがクリに、おばあちゃんをよろしくねって伝えたのかもしれません。

先代犬は、おばあちゃんのことが
大好きでした。
もしかしたら天国で……
あなた、あの家に行くの？
あの家
うん！そうだよ!!
犬の神さま
こうゆう
おばあちゃんがいるから、よろしくね。
すごくやさしいよ
うん！わかった！やさしい人、大好き!!
な～んて伝言されていたのかも♡

ワンコとおばあちゃん

おばあちゃんの匂いを嗅ごうと、首を持ち上げるのです

おばあちゃんが、ワンコに会いに来てくれました。

ワンコは、初めてうちに来る時、車で一緒に迎えに行ってくれたおばあちゃんの、お膝の上に乗ってやってきました。それ以来、おばあちゃんのことが大好きでした。普段は少し離れた隣町に住んでいるので、ワンコは年に数回しかおばあちゃんには会えなかったのですが、なぜかとても懐いていました。

柴系の犬はみんなそうですが、家族以外にはなかなか懐きません。ご近所さんやいつもの宅配業者さんにも、最高レベルの警戒態勢でした。しょっちゅう遊びにきてオヤツまでくれる友人にすら、そうやすやすと尻尾を振ったりしなかったです。そんな

うちのワンコが、一緒に暮らす家族以外で唯一懐いていたのが、おばあちゃんでした。
若い頃は、おばあちゃんが会いに来てくれると、飛び跳ねて大はしゃぎし、落ち着かせるのが大変でした。玄関の外のおばあちゃんの声に気づいた瞬間、走り回って大騒ぎ。家中をひと通り走った後、大急ぎで玄関の前にスタンバイしてキュンキュン鳴いておばあちゃんを呼び、後ろ足はうずうずと足踏みが止まらず、尻尾はヘリコプターみたいにグルングルンと回ってて、今にもすっ飛んでってしまいそうでした。

このままじゃおばあちゃんが突き飛ばされてしまうので、まずワンコを押さえて、玄関に入ってもらったおばあちゃんが座るのを待ってから、ワンコを離してあげました。ワンコは本当に大喜びでおばあちゃんの胸に飛んで行きました。こんな感動の再会が、毎回だったのです。

最後におばあちゃんが会いにきてくれたのは、山の寒さが少し緩んで、日差しが暖かくなり始めた3月。ワンコは17歳8か月になっていました。

その頃は、ケージの中でもう寝たきりになっていましたが、抱き上げておばあちゃんの方へ顔を向けてやりました。すると、スウッと前足をおばあちゃんの方へ伸ばし、一生懸命おばあちゃんの匂いを嗅ごうと、首を持ち上げるのです。

おばあちゃんは、前足をやさしく握って、鼻先に顔を近づけて目を閉じました。ふたりは何も言わないけれど、全部わかっているようでした。

私は涙が止まらなかったです。

小さい頃から大好きだったおばあちゃんがワンコに会いに来てくれました。
若い頃のワンコ
おばあちゃん来てくれたよー
ふたりは何も言わないけれど、
私は涙が止まらなかったです。

幸せだ……

今振り返ると、かわいかったな、幸せだったな

3月末には17歳9か月になりました。この頃のワンコとの暮らしは、毎日、本のページを1枚ずつめくるような日々でした。ワンコの命のページでした。

ワンコの弱々しい様子を見ていると、別れが近いことはどうしても覚悟しなければいけませんでした。でも家族は、それを言葉にすることはありませんでした。不思議と一度もありませんでした。言葉にするのが怖かったのかもしれませんが、たぶんちょっと違います。辛く悲しい気持ちよりも、ずば抜けて勝っていたのが「かわいい!」という感情だったのです。かわいくて、かわいくて、幸せでした。

その頃の私の日々の記録はこんな感じでした。

【3月31日】ワンコは寝たきりなので、いつも抱っこしています。するとワンコは「あれ？　もしかしてこの家の赤ちゃんとして生まれたんだっけ？」って顔します。飼い主家族も「うちのコはかわいいちゃんでちゅねぇ〜」って言ってます。いよいよホンマもんの〝秘密結社〟になった気がします。

【4月12日】かーさんは美容院に行ってきました。美容師さんに、老犬がいかにかわいいかについて、2時間ほど熱弁をふるいました。大満足です。

【4月15日】久しぶりに熱を出して一日中寝てました。隣でワンコも一日中寝てました。ワンコの耳がピクピク動いているのを、一日中見ていられて、幸せでした。

【4月19日】夕方のごはん、ちゃんと食べてくれました。かーさんはうれしくて、泣いちゃいました。

そんな、老犬との日々でした。

老犬介護は決して楽ではありません。この頃の私たちの日常生活は、ワンコのお世話につきっきりになっていました。ごはんも、トイレも、常に介護が必要で、時間がかかりました。夜も眠れない日が続いていました。それでも、今振り返ると、かわいかったな、幸せだったな、という記憶の方が強いです。

ワンコは、どうだったんだろう……。

寝たきりのワンコ17歳
ぐー
ピクッ
ピクッ
ピクッ
幸せだ……
ぐー

第4章

✤

ワンコ
17歳

山桜が咲くころ

山桜が咲きました

ワンコを抱えて見上げた桜は、とてもきれいでした

4月の終わり。散歩道にある、山桜が咲きました。

17歳のワンコと見る、17回目の桜です。

ワンコにはもう見えないけど、きれいだねぇ〜って言いました。

山桜は、春の終わりに山の中で咲く桜です。私たちがいつも歩いていた川沿いの散歩コースに、とても大きな山桜がありました。市街地で咲くソメイヨシノより遅れて咲くので、テレビが桜のニュースでにぎわう頃は、山桜はまだ枯れ枯れしています。まだかな、もう少しかな、と期待しながら蕾の膨らみを探すのが、春の散歩の日課で

した。山の厳しい環境の中にあるので、きれいに咲く年と、花の数が少ない年とあるのですが、ワンコと見たこの時の山桜は、てっぺんまで見事にたくさんの花を咲かせていました。

ワンコを抱えて見上げた桜は、とてもきれいでした。そういえば、ワンコが若い頃は、スタスタ歩くワンコに合わせて木の下を通り過ぎていたので、こんな風にゆっくり山桜を見上げたのは初めてかもしれません。ワンコにはもう見えないのだけれど、山の空気が暖かくなったのと、私が喜んでいるのは、感じていたと思います。

少し前に、「今年も、ワンコと桜が見たいな」と思っていました。それを目標にしようと考えたのです。けれど、3月頃から、そう思ったことを後悔していました。ワンコはもう、この頃にはかなり痩せて、ぐったりと寝ているだけの毎日でした。力なく横たわっている様子を見ていると、責任のような、後悔のような気持ちが、私の中でぐるぐる回るようになりました。

「きっと、もっとたくさん歩いたり、思いっきり走ったり、美味しいものをお腹いっぱい食べたり、したいよね？　楽しいことが何もできなくなって、ワンコにとって今生きていることは、辛いだけになってるんじゃないかな？　もしかして私が、無理に引き留めているのかな……」

もっと一緒にいたいと私は思っていました。ワンコは多分それをわかっていたと思います。ワンコはツンデレだけど、いつも家族思いだから、「桜を見たい」という私の勝手な目標を、感じ取ったのかもしれないです。ワンコの辛いだけの毎日が続くなら、桜が咲くまで頑張れなんて、考えるんじゃなかった……。

私たちはふたりで、満開の桜を見ることができました。

でも、もうこれ以上は望まないよ……。

ワンコの生きたいようにすればいいんだよ……。

速報

こんな時間をくれた神様に感謝しました

5月6日の出来事は、散歩から帰ってすぐにツイッターに投稿しました。夕方16時半に散歩に出かけて、帰って来た17時3分には興奮気味に書き込んでいます。ケージに寝かせたワンコのそばで、テレビ画面を見ながらスマホを握りしめ、散歩の時に起きた光景を何度も思い返して、しばらく動けなかったのを、今も覚えています。大袈裟なんだけど、私にとってその時の感動は、ずっと忘れられないものになりました。

夕方の散歩の時間まで、私はパソコンに向かって仕事をしています。ワンコは少し離れた場所のケージで寝ていました。16時半になると仕事を切り上げてワンコのところに行き、背中をなでて「お散歩行くよー」と声をかけ、支度をしてワンコを抱えて外に出ます。川沿いの散歩コースまでは20メートルほどです。木々の間を通り抜け、

石の階段を降りて道まで出た時、ふわっと何かが揺れていることに気づきました。尻尾です。ワンコの尻尾が揺れています。あれっ⁉と思って抱っこしているワンコの顔をよく見ました。瞳が濁っていて目線は合わないはずなんですが、しっかりと私の顔を見ています。

「え、どうした？　どうしたの？」

思わず声が出ました。すると、私の声に反応するかのように、パァッとうれしそうな表情に変わり、またふわふわっと揺れました。尻尾、尻尾を振ってくれているんです。びっくりしました。ワンコが尻尾を振っているなんて、1年以上も見ていません。

「うれしいの？　楽しいの？」

ワンコに声をかけました。ワンコはうれしそうにずっと私を見て、声に反応してはその度に尻尾を振っていました。私はもうボロボロボロボロ泣きながら、一生懸命話しかけました。

「大好きだよ、大好きだよ、お散歩楽しいね！」

いつもの川沿いの道で、私たちはしばらくそんな風にしていました。時間としては10分ほどだったと思います。やがて、ワンコはまた表情がなくなり、尻尾も動かなくなり、ゆっくりとした弱い呼吸のリズムを繰り返す、静かな世界に戻って行きました。

〝ワンコが尻尾を振ってくれました！
家のテレビに速報で表示したいくらいです！〟

ツイッターにはそんな風に投稿しました。後で気づいたのですが、ワンコとしっかり意思疎通できたのは、これが最後でした。こんな時間をくれた神様に感謝しました。言葉を考えていたわけじゃなかったんですが、この短い奇跡の時間の間に、「大好きだよ」って何度も言いました。

ワンコには聞こえなかったと思うけど、どうか、伝わっていますようにと願いました。

ピロリン
ピロリン
ニュース速報
午後4時35分頃　ワンコ17歳が散歩の際、尻尾を振る。1年以上ぶりの快挙。
ドバーン
――ってくらいの大事件でした。
私にとって
はあ…

一緒に生きる

そうか〜、今日は食べないいんだね〜ヨショヨショヨショヨシ

ツイッターを始めたのは、ワンコとの別れを受け止める自信がなかったためでした。SNSを通して、たくさんの頑張る老犬とその飼い主さんたちの様子を伺うことができたことは、介護が辛い時に自分たちも頑張れる糧になりました。ワンコが安心できるように、もっと強くならなきゃ！と思っていたのですが、この頃から、少し気持ちが変わってきました。

【5月11日】早朝から体調を崩して、悲しそうに泣いて震えていました。家族で交代でなでて、声をかけています。やがて落ち着いて、スヤスヤ寝始めました。家族はそれでも呪文を唱えます。

痛いの痛いのとんでいけ〜

【5月12日】少し前は、ごはんを食べる量が少しでも減ると、心配で心配で仕方なかったのですが、今は、食べない日があっても、「そうか〜、今日は食べないんだね〜ヨシヨシヨシヨシヨシ」ってなでてあげられます。

一緒に生きるってこういうことなんだな、って思いました。

【5月16日】ワンコ17歳と10か月は、キラリ〜ンとしてて、ぷきゅ〜んとしてて、ほわほわ〜んとしてて、ラブリービームがズギャーンとなってます！（かなり痩せてしまって見てて痛々しいので写真を撮れず、言葉で表現しようとして壊れ気味になる飼い主）

【5月17日】老いていく様子を受け止める自信がなかったのですが、無理せず泣いて笑って、あんまり頑張らないようにしています。それはワンコに教わったような……。

こんな風に老犬との日々を綴って2年が過ぎていたけれど、全然強くなんて、なっていませんでした。相変わらず別れは怖かったし、しゃんとして受け止める自信もありませんでした。その時が来たら、きっと普通ではいられなくなるでしょう。でも、それでいいやと思うようになりました。

そのままで、いいやって。

しんどそうに
泣いている時は、
家族で交代で
声をかけました。

ワンコはやがて
落ち着いて、
スヤスヤ
寝たのですが、

心配で、ずっと
見ていました。
痛いの痛いの
とんでいけ〜って
呪文を唱えながら…。

家族思い

辛い時は我慢しないで泣いちゃえばいい

ワンコと暮らした17年間の中で、私も失敗したり、頑張り過ぎて疲れ果て、壊れそうになったこともありました。いつもそばにワンコがいました。しんどい時、ワンコはいつも私になでてほしいと近寄ってきました。私が泣き出すまで、頭をなでさせました。「辛い時は我慢しないで泣いちゃえばいい」と、言っているようでした。臆病でワガママでツンデレなワンコですが、いつも家族のことを思ってくれていました。それは老犬になっても変わらず、いつも様子を見てくれてることを感じていました。

歳をとり、弱っていくワンコを抱えながら辛い気持ちになった時、そのままの気持ちでいればいいと考えられるようになったのは、ずっと前からワンコに教わっていたおかげなのかも……とふと気づきました。ワンコは17歳10か月を過ぎていました。

私もそれほど
上手に
生きている方では
ないので、
壊れそうに
なったことも
ありました。

ワンコは
異変にすぐ
気づきました。

近寄って
きて、
"頭を
なでて"
と言ってる
ようでした。

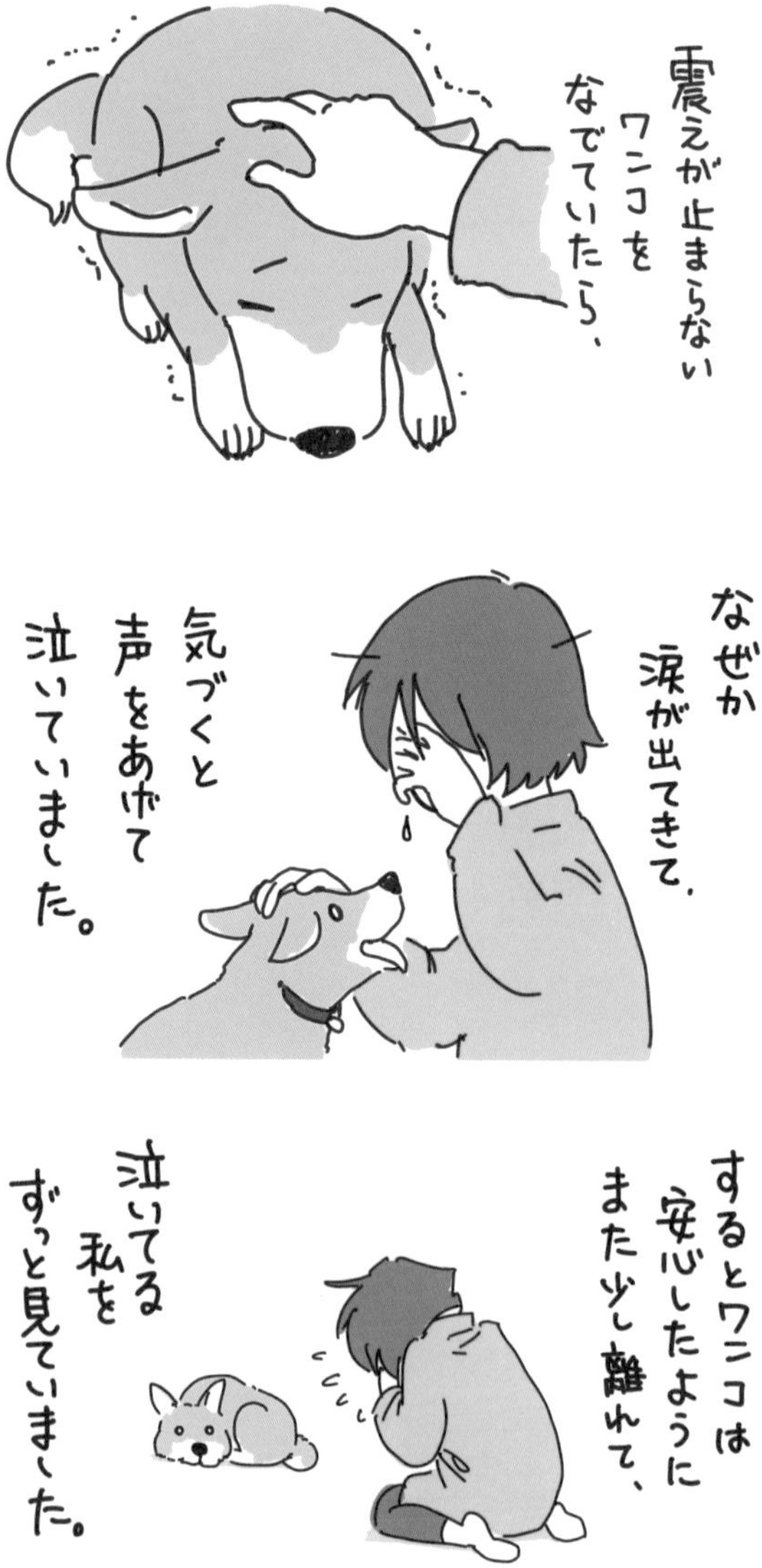
震えが止まらない
ワンコを
なでていたら、
なぜか
涙が出てきて、
気づくと
声をあげて
泣いていました。
するとワンコは
安心したように
また少し離れて、
泣いてる
私を
ずっと見ていました。

あれっ
ケロッ

17歳になって、
体が動かない
老犬になっても、
ワンコは
家族思いです。
元気？
元気よー♡

猿も落ちる

ラブ姉さんはいつも私たちの散歩の様子を気にしてくれました

うちは山の中ですが、川沿いの道は犬たちのいい散歩道になっていて、うちのワンコにも散歩友達がいました。老犬になると、周りのワンコたちも反応が変わります。気が合わなかったコたちも、ゆっくり近寄るようになり、みんなうちのワンコの様子をじっとうかがって、クンクン匂いを嗅ぎたがりました。元気な時は嫌がっていたうちのワンコも、ニコニコしたまま何も反応しなくなりました。細かいことはもうどーでもいいわ〜って顔でした。

ご近所のレストランのラブ姉さんは、体が大きくて力持ちの、ラブラドールっぽい雑種犬です。彼女は、うちのワンコが歩けなくなってから、いつも私たちの散歩の様子をすごく気にしてくれました。散歩中に出会うと、抱っこされたままのワンコに鼻

散歩中に見かけると、
いつも挨拶してくれる
ラブ姉さん。
ワンコ17歳
だっこで散歩中

とても
やさしい
挨拶です。

別れ際も、何度も
振り返ってくれます。
強くてやさしい
ラブ姉さんです。

先でやさしい挨拶をし、別れてからも何度も振り返ってくれていました。

ある時、いつものようにワンコを抱えて川沿いの道を歩いていたら、「時には失敗することもある」という意味の現象がガチモンで起きました。落ちてきたんです、猿が。私たちの目の前に！　しかも、落ちてきた猿をかばうようにもう2匹が降りてきて、ものすごく怒りだしました。

山の道なので散歩中に猿たちに遭遇するのは珍しくないのですが、落ちてきたのは初めてでした。これはもう山の交通事故です。とにかく彼らと目を合わせないように、黙って振り返ってそおっと歩き始めたのですが、怒った2匹が威嚇しながらジリジリ追いかけてくるんです。２００メートルほど猿たちを引き連れたまま歩いて、私は覚悟しました。私の胸でなんにも反応しないワンコ（気にしてないのか、気づいてないのかどっちなのかは、不明）は、私が守る、怪我をしたって守ると。そう決意した時、遠くで大きく強い声で吠えた犬が見えました。ラブ姉さんでした。――猿たちを追い払ってくれた、強くてやさしいラブ姉さんは、只今恋人募集中です。

いつものお散歩…
ワンコ17歳
歩けないのでだっこ
ガサッ
……
……

ザッ
ザッ
シャーッ
あわわわわわわ
シャシャーッ
目を合わせないように……
人家がある方へ…
ザッ
ザッ
ザッ

バウワッバ
ワンワンワン
ご近所のワンコに助けられました…。
キキッ
たまたま　外でお昼寝中だった、お散歩友達のラブ姉さん。
ありがと～
大丈夫?
正確にはラブっぽい雑種
強くてやさしいラブ姉さん、只今恋人募集中。

笑顔

「まあなんて、なんて幸せそうな顔してるんでしょう……」

ワンコは、ごはんの量がほんの少しになりました。自分の力で食べられず、とーさんが口元にシリンジで運んでくれるごはんを、かろうじて飲み込んでいました。お水もスポイトで飲ませてやりました。体はほとんど力が入らなくなり、抱っこしてもズルリとすり抜けてしまいそうでした。

痩せて、ぐったりしているワンコの様子を見ていて、切ない日々でした。

散歩は、抱っこしてゆっくり歩きました。長い時間だとしんどそうなので、家の近くを少し歩く程度でしたが、毎日出かけていました。こんなに痛々しく弱ったコを抱っこして歩いている様子は、ほかの人が見たらおかしな光景だったかもしれません。

「かわいそうに」と思われたかもしれません。でも、どう思われても、どんな形でも、私たちにとって散歩は、最高の時間でした。

ある日、いつものように抱っこで散歩していたら、散歩友達の飼い主さんが声をかけてくれました。美しい漆黒のラブラドールちゃんで、2年ほど前はまだ子犬だったのに、もううちのワンコの3倍くらい大きくなっていました。散歩に出る時間がうちのワンコと同じだったので、毎日のように会っていました。ワンコが徐々に弱っていく様子を、黒ラブちゃんと飼い主さんはよく知っていたと思います。うちが遠くまで散歩しなくなったので、この日は久しぶりに会えました。

調子はどう?と聞いてくれた飼い主さんが、私の腕の中を覗き込んで、ハッと息をのみました。

「まあ……、まあなんて、なんて幸せそうな顔してるんでしょう……」

ワンコの顔を見て、言ってくださいました。それは、何よりうれしい言葉でした。

そうか、ワンコは幸せなんだな、顔に出ちゃってるくらい、幸せなんだな。良かった、私も笑顔でいよう！　そう思いました。悲しんでいると、きっとワンコにはすぐバレてしまうと思うので、なんとか、笑顔で……。

上手に水が飲めなくなったので
スポイトであげるようになりました。
ピュ——ッ
老犬介護は切ないけれど
一緒に笑って過ごしています。

大往生

いつもと同じ川沿いの道に出て、いつもと同じように川を眺めました

その日は午後から来客があったので、とーさんも家にいました。お客様を見送り、ホッとして時計を見ると、16時を過ぎていました。

「お散歩行ってくるね」

とーさんに声をかけ、ケージで寝ているワンコを迎えに行きました。ワンコを抱えると、ワンコは少し瞬きしました。今日もかわいいねー♡と思ってワンコの顔を眺めながら片肘で玄関のドアを開け、外に出ようとした時、ワンコが何か言いたそうに口を動かし、微かに声を出しました。

「アウゥ……」

珍しいなと思いましたが、笑って

「なぁに？」

と答えると、安心した様子でまた瞬きしました。

いつもと同じ川沿いの道に出て、いつもと同じように川を眺めました。山は本格的な夏を迎える少し前だったので、穏やかな風が吹いて、木々が今年芽吹いた豊かな緑を一斉に揺らしている音が、悠々としていて、とても心地よい日でした。

「気持ちいいね～」と声をかけようとワンコの顔を見たら、うれしそうにこちらを見ていました。

ワンコはそのまま、動かなくなっていました。

大往生でした。

ワンコは17歳
11か月になり、
おさんぽいこうか
お水も
ごはんも
受け付けなく
なっていました。

いつもの時間

いつもの河川敷

私の腕の中で、
動かなく
なっていました。
大往生でした。

温かいうちに

ワンコは本当にうれしそうに、笑っていました

心が、止まってしまいました。なのに私の腕と体は、心臓の音が響いているように ビリビリと震えていました。動かないワンコを抱いて、家に戻ろうと歩き出した時、自分の足が、右と左に交互に動いているのが不思議に思えました。

いつもより早く戻ってきた私たちを心配して、玄関先で迎えてくれたIさんが、ワンコの顔を見てすぐに察してくれました。そして、にっこり微笑んで言いました。

「よかった、よかったね……」

そうしたら、声も涙も止まらなくなりました。そのまま玄関先で大声で泣きました。

うちは山の中です。何度も何度もワンコの名前を呼ぶ私の声は、風に揺れる木々の音に、次々とかき消されていきました。どんなに叫んでも、どんなに泣いても、ザワザワザワザワ全部山の風が持って行ってしまい、腕の中のワンコが、それを穏やかな表情で見送っているようでした。なんだか、どれだけ泣いても大丈夫と言われてる気がして、あふれ出して止まらない悲しみを、残らず吐き出してしまおうと思いました。

山の風は、ザワザワザワザワ。なんにも変わりませんでした。

ワンコに教わったことを思い出しました。辛い時は我慢せずに泣けばいいって。もう、どっさり泣いちゃえって思いました。いい歳の大人なんだからとか、もうそんなことどうだって良くて、どっさり、たくさん泣きました。

「嘘だ」って言いました。「嫌だ」って言いました。「行かないで」って言いました。

どんな言葉も、我慢せずに叫びました。何度も、何度も。

玄関ポーチに座って、どれほどの間泣いていたでしょうか。声がかれ出してから気づきました。私の腕の中のワンコの体温が、少しずつ消え始めていて、ハッと隣に座っているとーさんを思いました。

「温かいうちに、抱いてあげて」

ワンコの体をとーさんに預けました。とーさんは何も言わず、ゆっくり、ふわりとワンコを抱えました。ワンコは本当にうれしそうに、笑っていました。

後で聞いた話なのですが、とーさんはワンコが旅立つその時は、家族の腕の中であってほしいと願っていたそうです。先代ワンコがおばあちゃんの腕に抱かれて亡くなったように。私は、自分が幸運にもワンコのその時に間に合ったようには感じていませんでした。どちらかというと、ワンコの方が私を心配し、残り少なくなった時間を、私が迎えに来るまで大事にとっておいてくれたように思います。

ワンコが旅立ちました。

ワンコが持っている命の、最後のひとしずくまで、私と一緒にいてくれました。

行っておいで

11時の空は、奇跡的に晴れていました

それから次の日までの記憶が、なんだかぼんやりしています。もうケージに入れなくてもいいから、リビングのテレビの前にベッドを置いて、そこに寝かせました。私はワンコに残っているわずかな体温も全部見送るように、ずっとなでていました。とーさんとふたりで、「涙、全然止まらないねぇ」って言って、ぐしょぐしょで笑いました。テレビはいつもと同じようににぎやかで、部屋だって電気をつけているから明るいのだけど、全部がニセモノみたいに思えました。

隣町のおばあちゃんにはとーさんが電話してくれ、都会の学校に通っている娘ちゃんには、私が電話しました。今考えると、心がギリギリの状態だった自分がよく電話できたなぁと思います。幸せそうなワンコの顔を見ながら、その手を握って、電話し

ました。娘ちゃんは覚悟していたそうで、泣きながらも冷静でした。彼女にとって、ワンコはそばにいて当たり前の存在で、これからも同じだと言っていました。

すぐに会いに帰って来られない娘ちゃんのために、その時ワンコの写真を1枚撮って送りました。その写真は、それ以降、ほかに誰にも見せていません。今も私のスマホの中にあり、この先もずっとここにあると思います。

翌日、テレビの天気予報で大雨を予報していて、ハッと我に返りました。ワンコは大雨が大嫌いでした。豪雨の音に驚いて何度もパニックになったことがあります。雨の中じゃ、迷子になってしまう気がして、雨が降る前に送り出さなきゃと思い、慌てて動き出しました。

「今日は予約がいっぱいで、明日になりますが……」

火葬場の電話受付の女性の声を、やけに鮮明に覚えています。私は思考が止まり、電話口で言葉を失ってしまいました。明日だと雨になっちゃう……。

しばらくの沈黙の後……。

「あ、今日11時だけ空いています。急ですが、間に合いますか？」

「間に合います！　お願いします！」

すぐに準備しました。どうしよう、何を持たせればいい？　とーさんの匂いのついたタオルと、私の膝かけ、娘ちゃんのマフラー、それから、それから……。

車で30分ほど山を下りたところにある火葬場は、先代犬を見送った場所と同じでした。仕事を休んでくれたとーさんと、隣町のおばあちゃんも列席してくれることになりました。

ペットの火葬は人間のようなきちんとした形式があるわけではないのですが、小さな部屋で最後のお別れをさせてもらえました。

見送る時に、「またね」と声をかける飼い主さんが多いのを、ＳＮＳで知りました。「また会おうね」の意味が込められていると思います。私は最後になんて声をかけるか、慌てて出てきたので考えていませんでした。いざとなって、声なんてかけられない気がしました。とーさんとおばあちゃんと３人で、代わる代わるワンコをなでた後、「お願いします」と係の女性に頭を下げ、ワンコから一歩、二歩さがりました。

係の方がワンコの棺に手をかけた時、気づくと私は、それを払い除けるように、もう一度ワンコの体に顔を寄せました。ワンコの頬に触れると、ワンコはもう抜け殻になっていることが、よくわかりました。けれど、ワンコの心につながる糸が、まだある気がしました。

「ありがとう。行っておいで」

ワンコにそう声をかけて、白い前足の下に忍ばせた封筒を確認しました。封筒には、若い頃にワンコと撮った家族写真を１枚、入れておきました。もし、迷子になっても、神様にこれを見せれば、すぐに家族がわかるように。

11時の空は、奇跡的に晴れていました。

ワンコは大雨を避けて、虹の橋を渡れたと思います。

ありがとう。行っておいで。

足に伝わるワンコの温もり

ALBUM

そのおてて、
かわいいね

紅葉の中で
揺れる白い尻尾

一生懸命自分で
体を支えている後ろ姿

なぜか飼い主の
足の上で休憩

かーさん、お散歩楽しいね♡

ALBUM 

おいしそうなワッフルドックだね

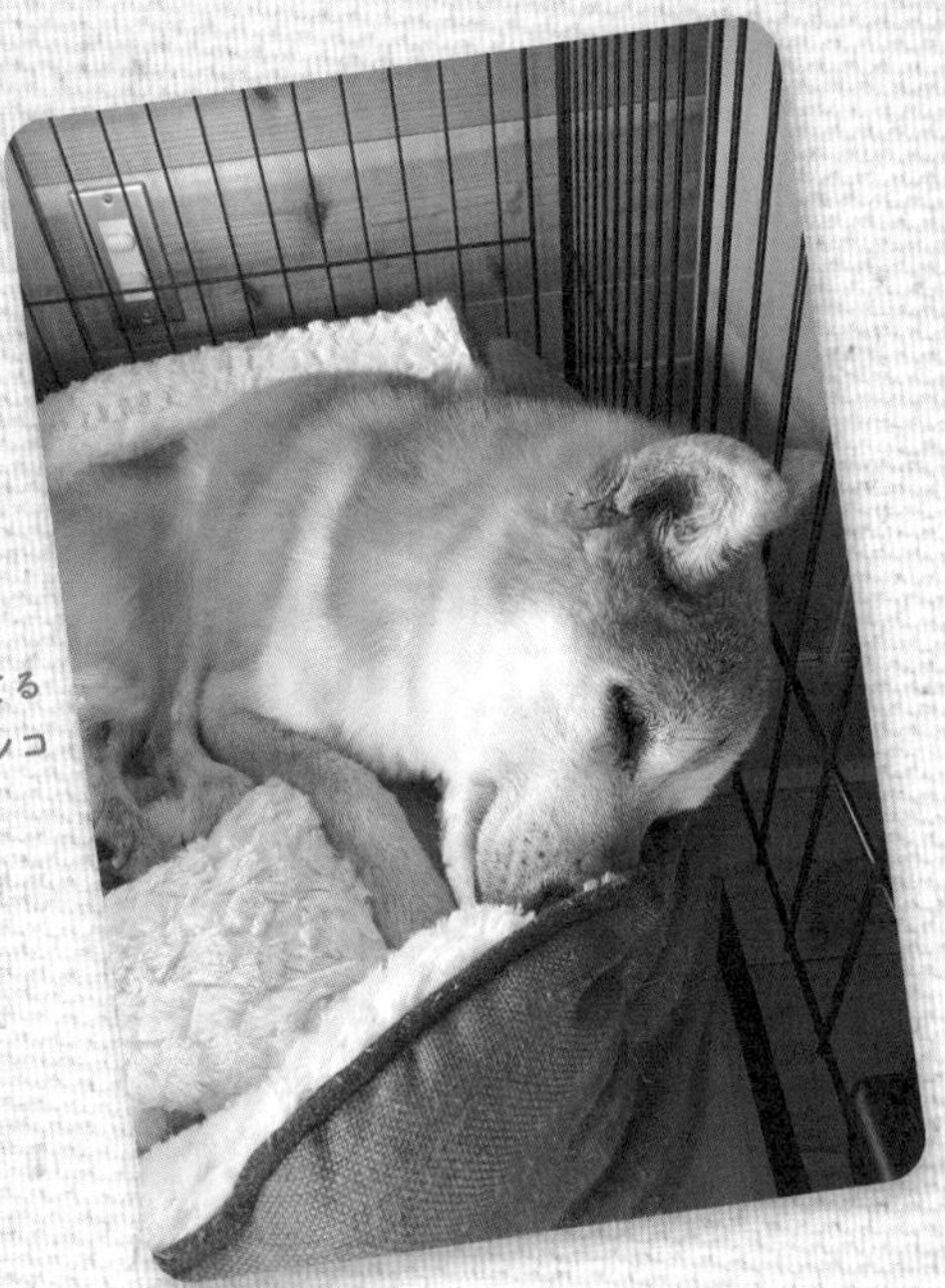

ニッコリ寝てる
ワンコ

お散歩
行ってきまーす！

見つめてると
目を逸らすツンデレ

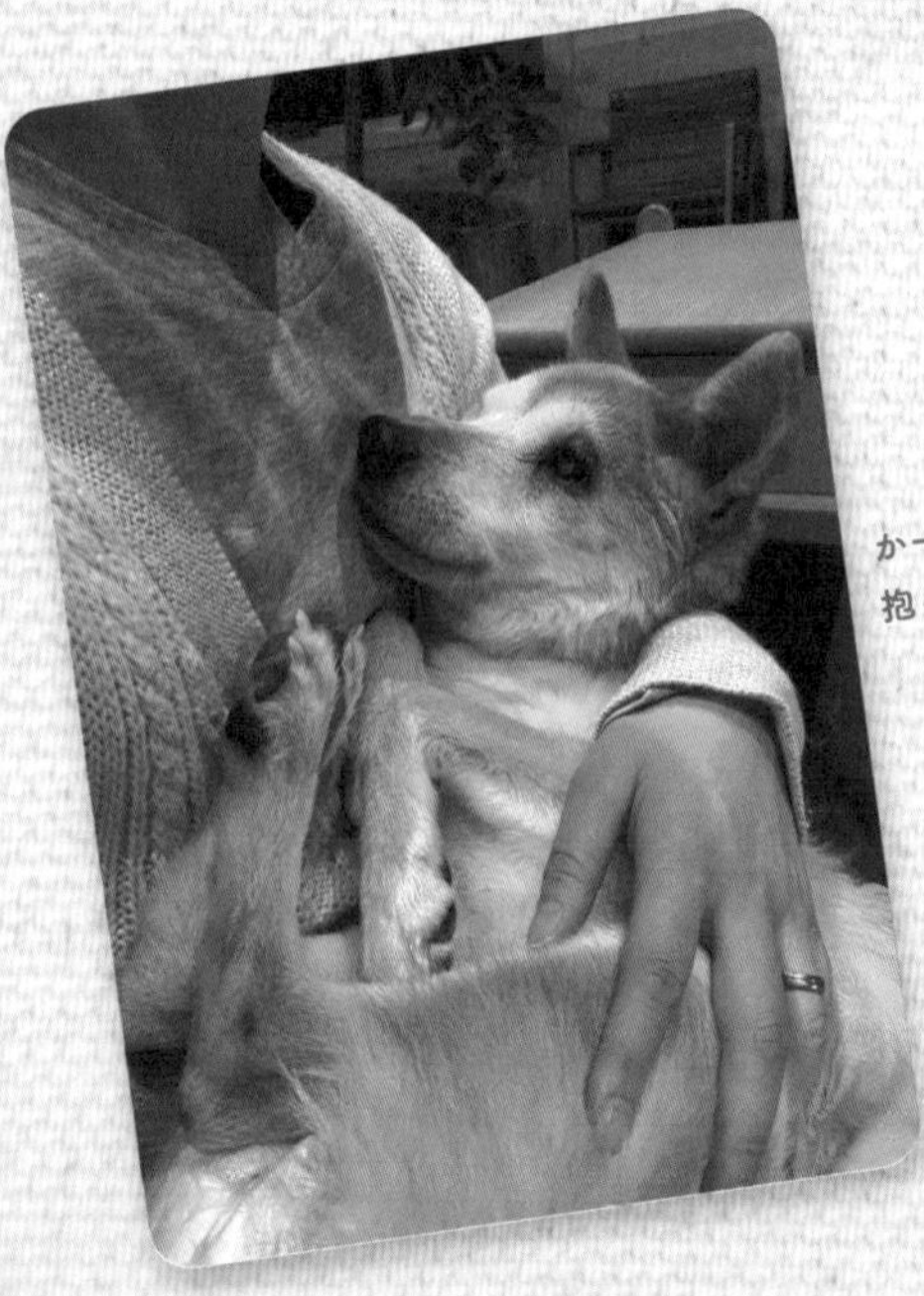

かーさんは
抱っこが好きだねー

森がよく似合うワンコ17歳

ALBUM

おわりに

ワンコが亡くなってから、ずっと泣き暮らしていました。そりゃもうジャージャーと泣いておりました。

ツイッターの日付を遡ると、しばらくの間、ワンコが亡くなったことを報告できずにいたことがわかります。私にとってワンコとのつながりがまたひとつなくなってしまう気がして、手をつけられずにいました。

そして、最初に描いたのが、『家族思い』でした。辛い時は泣けばいいんだよと、ワンコに教わった時の漫画です。ツイッターの中でワンコはまだ私に抱っこされて、笑っています。私は、ワンコと別れる勇気を振り絞るために、まだもうちょっと時間が必要でした。

実はこの頃、ツイッターに数件の取材の連絡が入りました。でも、私はなんの返事もすることができず、まだワンコが生きている投稿を続けました。嘘つきだね……。

ワンコが亡くなって数日後、ワンコがいない散歩道をとーさんと歩きました。

「ワンコは今頃、何してるかね？」

「きっと、うわーーーーーーって走ってるよね」

うわーって走って遠くに行って、またうわーって走って戻ってきて、足元で笑ってる気がしました。ワンコがいないのはとても悲しいのだけれど、やがてホッとしている自分に気づきました。介護疲れもあったかもしれません。でも、ワンコはこれでやっと自由になれた気がしました。重たい体からも、何も見えず何も聞こえない静かな世界からも離れ、自由です。

散歩道から、大きな虹が見えました。山の中で虹を見かけるのは珍しいことでした。

ワンコが私たちを励ましてくれている？　いいえ、うちのワンコは臆病でワガママでツンデレです。虹の橋を縦横無尽に走り回って、尻尾をグルングルン振っています。もうどこにでも走って行けるでしょう。

1か月後、私はツイッターにワンコが亡くなったことを報告する投稿をしました。ワンコは見えなくなったけど、きっと近くで見ています。今日から元気に！　決意のつぶやきでした。

それからやっと、取材の問い合わせをくださっていた方々のメッセージに返信しました。ワンコはすでに亡くなっていたことも、お話しさせていただきました。その中に、「本にしてみませんか」という声がけをいただいていたのです。

戸惑っていましたが、家族に話をしたら「ワンコがもっと描いてって言ってるんじゃない？　ワンコも大喜びだよ」と言ってくれました。

そうなのかな？と、ワンコに聞きました。もう見えなくなったワンコは、私の足元で、笑顔でした。私の膝に前足をかけて笑うと、すぐにプイッとどこかに小走りで行ってしまい、遠くで振り返ってまた笑っています。

若くて元気だった頃の様子、そのままに。

サエタカ

SAETAKA

ワンコ17歳の飼い主。長野県安曇野市在住。ワンコが15歳と半年過ぎた頃、ツイッターで「#秘密結社老犬倶楽部」というハッシュタグを見つけて、自分もやってみようと思い投稿を始める。ワンコが虹の橋を渡った後も、頑張っている老犬たちと飼い主さんたちの様子を読んで心が温まる日々。

Twitter @wanco15sai

Instagram @saetaka_happy

YouTube サエタカ

大好きなワンコを亡くして、1か月後…。
ずいぶん時間が経ったのに、まだ さびしくて…
さびしいのはねぇ ず――っと続くからね。
だから…
だから、
大丈夫よ。

老《お》いゆく愛犬《あいけん》と暮《く》らした
かけがえのない日々《ひび》

ワンコ17歳《さい》

2023年３月９日　初版発行
2023年12月15日　４版発行

著者　サエタカ

発行者　山下直久

発行　株式会社KADOKAWA
〒102-8177 東京都千代田区富士見2-13-3
電話0570-002-301（ナビダイヤル）

印刷所　TOPPAN株式会社

●お問い合わせ
https://www.kadokawa.co.jp/（「お問い合わせ」へお進みください）
＊内容によっては、お答えできない場合があります。
＊サポートは日本国内のみとさせていただきます。
＊Japanese text only

定価はカバーに表示してあります。

ISBN 978-4-04-606050-1　C0095